U0242876

DESIGN SIXTEEN DAYS

DESIGN MAJOR EXAMINATION STRATEGY OF ACADEMY OF ART

设计十六日

美术院校设计类专业校考攻略

沈海泯　著

中国美术学院出版社

责任编辑　孙丽英
执行编辑　王　怡
装帧设计　张子悦
版式制作　胡一萍
责任校对　杨轩飞
责任印制　娄贤杰

图书在版编目（ＣＩＰ）数据

设计十六日．美术院校设计类专业校考攻略 / 沈海
泯著．-- 杭州：中国美术学院出版社，2018.11
　ISBN 978-7-5503-1786-4

Ⅰ．①设… Ⅱ．①沈… Ⅲ．①设计学－高等学校－入
学考试－自学参考资料 Ⅳ．① TB21

中国版本图书馆 CIP 数据核字（2018）第 229714 号

设计十六日
美术院校设计类专业校考攻略

沈海泯　著

出 品 人　祝平凡
出版发行　中国美术学院出版社
地　　址　中国·杭州南山路 218 号 / 邮政编码：310002
网　　址　http://www.caapress.com
经　　销　全国新华书店
印　　刷　浙江海虹彩色印务有限公司
版　　次　2018 年 11 月第 1 版
印　　次　2018 年 11 月第 1 次印刷

写给美术艺考生和家长的一封信

各位同学、家长：

你们好！

不知道当初你选报美术艺考，是因为从小热爱绘画，立志以此为终身的志业，还是因为家中有长辈正在从事相关艺术类工作，你耳濡目染，对艺术心生向往，或是从文化课角度考虑，把艺考看作上大学的捷径？不管基于以上哪个原因，我想和你们说的第一句话就是：任何值得去的地方，其实都没有捷径。

这两年轰轰烈烈的艺考改革，让我们看到了越来越多的艺考生为了实现心中的梦想，背后的辛勤付出。2018 年，中国美术学院招生计划总数为 1770 人，7.8 万人次报考，较 2017 年增长 20%。2018 年山东美术联考 54953 名考生，比 2017 年增加 8269 人，增幅为 17.7%。2017 年清华大学美术学院设计学类专业录取新生中近 80% 文化课成绩超过所在省文史或理工类一批线，艺术史论专业录取分数线达近年来新高。艺考新规实施以来，不仅是艺术生文化课省控线大幅度提高，各大院校在招生录取中也相应提高了文化课分数线并加大了文化课比重。从近几年的各大院校的招生情况中不难看出这一变化。专业课不仅仅是衡量艺术生能力的唯一砝码，文化课也成为艺考这场战役的关键。越来越多重点高中的优秀学生也加入了学习美术的阵营，而且他们仅文化分就有望冲刺"双一流"高校。在优秀考生的成长故事前，考生、家长们逐渐趋于理性，开始适应新艺考。家长们更注重学生的艺术修养，越来越多的学生从小开始接触、学习艺术。他们不仅仅只关注名校，也更多从自己喜欢的专业中规划报考的院校。

每年我在学校都要接待一批批美术生家长，他们在孩子高中就读的各时段都会产生新的问题。为了更好地解答这些问题，我将优秀考生的各项情况做了归因分析，发现他们背后都有"强大"的家庭力量做支撑，使他们在报考愿景、目标追求中较别的孩子能更为顺利地达成。"强大"的家庭力量首先在于用心。这些家长从孩子高一进校时对美术艺考的迷茫懵懂，到伴随孩子两年半学习后，以令人惊奇的速度对艺考信息如饥似渴地解读，最后成为半个"艺考专家"。这份"强大"还靠用情。这些勤奋的家长不知投入多少个夜晚为学生营造良好的家庭艺术氛围，成为孩子强大的后盾。为了得到更多这样优秀考生的家长对教育工作的支持，这两年我将最新的名校专业建设、报考信息和优秀考生成长案例，以家长学习会的形式进行分析解读。2017年我面向三个年级的美术生家长开了11场学习会，场场爆满。有的家庭还是父母两人一起赶来参加，预备的座位不够了，家长于是站着听完2小时的学习报告。让我特别感动的是即使遇到40摄氏度高温的夏日，家长们也会驱车1个多小时赶到学校与会。这一切，让身为教育工作者的我不仅感受到家长对孩子满满的爱，更意识到自己身上的责任，因为每个艺术生背后都是一个家庭的期盼。所以，我想对你们说的第二句话是，家是艺考生最温情的陪伴。艺考生家庭的亲子关系非同一般，无数个日夜考生在父母陪伴下对艺术专业进行报考规划。全家扛着画具画架、坐着飞机动车辗转大江南北奔赴考场的经历，让你在人生的某一天突然回想起的刹那，心中荡起的温情。这温情足以赋予你勇敢前行的力量。

　　学校有名叫孙悦的同学让我印象至深，她在美术省考誓师大会上，以《以勇气面对追梦的艰辛，必将收获成功的喜悦》为题，发表了她的感言："人的一生中最光辉的一天，并非是功成名就的那天，而是从悲叹与绝望中面对人生的挑战，以勇气迈向意志的那天。"这位 90 后的苏州女孩子，借法国小说家福楼拜的名句，就艺考生的勇气做了这样的表述："苦，累。为什么不放弃？因为大家都有自己的信念，自己的梦想。我们要做的，就是勇敢站出来，捍卫它们！在勇气的问题上，很多人都有极限。从来就没有胆大包天的英雄好汉。"的确，未来很美好，不管你在通往未来的路上遇到了什么，它依然很美好，并且它就在那里，等着你。我们需要鼓起勇气，在艺考面前迈出人生的一大步。最后想和大家说的是：十年、二十年之后，当你回头看看自己的人生，你会发现，那些好极了或者糟透了的时刻你都不记得了，唯一让你感到真实且骄傲的，是你鼓足勇气走过的人生。

我不敢奢望一本书就能够帮助谁立马改变命运。她的意义所在，就是帮助更多的学生从那么多艺术院校的选拔考试中，找寻到自己喜欢的专业，根据自己的文化、艺术特长找到适合自己报考的学校，帮助自己鼓足勇气走过这一关键成长期。同时希望同学你在父母陪伴下，通过阅读这本书，对各知名高校各专业的深入了解，能够真正爱上美术，不仅仅是为了升学，还能从中找寻到为之拼搏努力的真正意义，找寻到自己喜欢并愿意为之奋斗的专业，让高中三年的苦读，为未来人生三十年发展打基础。同时本书也为有志于报考海外设计院校的同学提供设计创作的思考。

沈海泯

二〇一七年十二月于苏州六中

关于本书阅读前的说明和使用方法

1.《设计十六日》由《美术院校设计类专业校考攻略》和《国内外美术院校报考指南》两册组成，其中《写给美术艺考生和家长的一封信》是开篇卷首语。

2.《美术院校设计类专业校考攻略》主要面向希望通过设计类校考进入各艺术院校的考生，或是热爱设计的青年学生。二百四十余页的篇幅从高校设计类专业教学研究中，以主题教学法在 16 天时间里进行有效的设计训练。每一天都是按 "农历冬月" 从初一往十六依次推进；因为这时正好是每年十二月份，各省考生参加完省考之后的时间。有的同学面向造型类等专业继续冲刺，有的同学转而主攻设计。考前的时间往往紧张而短暂。在浓缩的 16 天时间里，力求帮助有美术绘画基础的青年学生循序渐进地走向设计之路。

当然这些项目训练不是简单地应对高校设计类专业校考的记忆化公式，它们环环相扣，帮助青年学生体会感悟设计之美，从而具备形成新思想、新观念、新创意的能力，并在有趣好玩的过程中不知不觉地爱上艺术，爱上设计。

3.《国内外美术院校报考指南》是国内外知名艺术设计类院校报考指南。其对国内比较有代表性的艺术设计类院校进行了介绍，并将部分高校 2018 年招生简章、招生人数、考题要求等汇总成一张图表，便于家长、学生搜索查找，解读分析。其中还涉及对国外知名艺术设计类院校的介绍，是从全球视野中，遴选各地区代表院校以供家长、学生参考对比。学生可就自己想要从事的职业去寻找对应的艺术类专业进行学习。这些专业的报考要求和流程均在此部分。

设计十六日

北冥有鱼，其名为鲲。鲲之大，不知其几千里也。

化而为鸟，其名为鹏。鹏之背，不知其几千里也。

怒而飞，其翼若垂天之云。

是鸟也，海运则将徙于南冥。

南冥者，天池也。

——《庄子·内篇·逍遥游第一》

  庄子用汪洋恣肆的笔调，借用明显象征意味的鲲鱼化鹏，从北冥借着大风飞赴南冥天池的故事，告诉我们万物都应该完成某种超越，这是拼尽全力去蜕变的过程。超越的不是天地的极限，而是一次对于自我的突破。

  设计学习亦要经历这样的自我突破过程，固式思维模式下，处于本真的潜能常常被隐藏起来，以感知、记忆、思考、联想、理解等能力为基础的创造性思维就如心中巨大的"鲲"，需要经过专业的设计知识的积累、素质磨砺被激发、唤醒。

  我将多年教学实践和探索反思，整理成16天设计有效训练法则，向有一定美术绘画能力的青年学生呈现。书中每个项目环环相扣，最终目的是唤醒隐藏在我们自身的创意潜能。这是一个将发散性思维和集中思维辩证统一，把创造想象和现实定向有机结合的训练过程。

  这些项目训练不是简单地应对高校设计类专业校考的记忆化公式，更多的是从设计生产前沿和高校教学研究中，体会感悟设计之美，从而具备形成新思想、新观念、新创意的能力，为青年学生搭建通往设计之路的桥梁。当然，这些项目训练还有一个共同点就是趣味性，让你在有趣好玩的过程中不知不觉爱上艺术，爱上设计。

本书主要面向有一定美术绘画能力，热爱并准备报考高校艺术设计类专业的美术生。全书用简洁易懂的教学语言，分设计美学（中国传统装饰基础）、设计创意（现代图形设计基础）和设计基础（构成基础等知识点）三部分，围绕校考真题进行主题教学。所用图稿大部分是我在多年指导学生教学实践中所得，其中不仅可以看到围绕高校近年考题的优秀范作，还有设计类专业发散性思维的创新拓展训练过程。希望这十六天的有效训练，能帮助同学具备图示语绘的设计表达能力。

相关学科与基础

1. 装饰基础

装饰基础主要训练学生掌握从自然形态中选取形象元素，然后对这些元素进行提炼、变化和修饰的基本能力。形式美规律的训练是装饰基础的基本内容，而装饰性是区别于纯绘画形象的显著特征。要形成装饰性形象就必须对自然形进行艺术加工，以夸张、简化、寓意的手段表现形态。

本章选用主题教学形式，从对经典的传统图案的艺术风格和特征的探讨入手，对装饰图案设计基本原理、形式美法则及构成规律进行阐述，并就装饰图案基本要素进行分析。同时通过对装饰画的艺术创作规则和表现手法的介绍，帮助青年学生深入了解装饰图案在设计领域中如何运用。

2. 图形基础

图形是设计师通过独特的形式语言设计，吸引人的视点，激发人的联想、思考，并用以完成传播一定量讯息的视觉载体。它突破语言、文字、时空的限制，超越国界，是人类沟通与交流通用的视觉符号，对整个社会的发展、信息交流、观念沟通都具有更为广阔的意义。当前，图形作为一种设计语言被广泛应用于各个艺术设计领域；无论是平面设计，还是展示设计、建筑设计，都以图形设计为基础，并对其进行解构。

图形相关的课程教学是伴随着设计基础教学的发展而成长的。20 世纪 80 年代以前的半个多世纪，我国早期美术设计的基础教学是以"图案"为中心，那时并未出现"图形"一词。20 世纪 80 年代开始，现代构成在我国设计教育界兴起，并逐渐替代"图案"的地位，成为设计形式基础教学的主干课程。这期间，在平面造型中出现了许多新的构形原理和方法，如同构、矛盾、图底反转等。在后来的教学中，这些以具象形态为主的现代图形造型逐渐被分离出来，成为一门独立的课程——图形设计。因为图形设计反对复制模仿，它更侧重于对人创造意识的培养。它那富于哲理的高度概括、创意的构思方式和幽默诙谐的表现手法，都体现了启人心灵的智慧美感，因此"图形设计"受到广泛推崇，备受青睐。

3. 构成基础

从包豪斯设计学院发展而来的"三大构成"，包含了严谨的科学规律和美学原理。本书中概括表述的是平面构成和色彩构成二大基础。

平面构成是指将不同或相同形态的几个以上的单元重新组合成为一个新的单元，构成对象的主要形态，包括自然形态、几何形态和抽象形态，并赋予其视觉化的、力学化的观念。平面构成探讨的是二度空间的视觉文法。其构成形式主要有重复、近似、渐变、变异、对比、集结、发射、特异、分割、肌理及错视等。

色彩构成，即色彩的相互作用，是从人对色彩的知觉和心理效果出发，用科学分析的方法，利用色彩在空间、量与质上的可变幻性，按照一定的规律去组合构成之间的关系，再创造出新的色彩效果的过程。色彩构成是艺术设计的基础理论之一，它与平面构成有着不可分割的关系，色彩不能脱离形体、空间、位置、面积、肌理等而独立存在。

4. 绘画基础

绘画基础是指具备造型基础能力、构图能力，对人物形象及人物动态造型的结构和特征的把握能力以及艺术表现力。如素描训练人眼手的协调，让人具备形的准确性把握能力，有机的分析能力，影调表现和构想的能力。绘画基础让人具备一定艺术修养、审美能力，对色彩的感受能力、认识能力、组织能力，运用色彩塑造形体的能力以及色彩技法运用能力和艺术表现力。

本章的绘画能力旨在美术绘画基础上，围绕校考考题中出现的效果图表现等进行设计思考能力、造型能力以及对基本设计问题的表现能力的培养。

目 录
CONTENTS

设计美学

传统图案的传承与创新

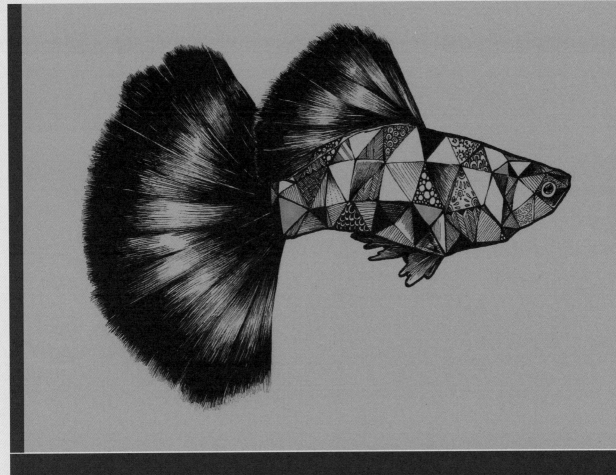

农历冬月

初一

鱼之乐

庄子与惠子游于濠梁之上。

庄子曰："鯈鱼出游从容，是鱼之乐也。"

惠子曰："子非鱼，安知鱼之乐？"

庄子曰："子非我，安知我不知鱼之乐？"

——《庄子·秋水》

四海八荒，有水泽处即有鱼。人类对鱼的执念与喜爱深入骨髓，赋予鱼以丰厚的文化内涵。我们的设计第一课，就从和人亲密相伴的"鱼"讲起。

在诗歌中，谈到爱情之美时说"鱼戏莲叶南，鱼戏莲叶北"，提到隐逸之乐时说"细雨鱼儿出，微风燕子斜"，豪情万丈时道"才饮长沙水，又食武昌鱼"。承载着先人诸多崇拜和祈望的鱼文化，在我们的世界中无处不在。于是鱼游弋在万丈红尘中，戏生命之水。古人说鱼，但仿佛自己已然化身成鱼，出游从容，享鱼之乐。

古人从原始彩陶起，以特有的装饰图形，历经五千年文明智慧，为我们留下了丰富的文化艺术遗产。我们通过学习、借鉴和研究中国传统艺术图形，认真了解民族传统图形的真实内涵，研究其形式规律、审美特征和表现方法，充分感受民族艺术的魅力。

一、彩陶纹饰及其装饰构成

原始先民在艰苦卓绝的自然环境中求生存，对天体宇宙的神秘充满畏惧，崇拜各种比人类更强大的自然或超自然力量，渴求对其认识和了解。以黄河流域的仰韶文化为代表，鱼在此区域分布丰富，成为当时食物的重要来源。先民们喜爱鱼，崇拜鱼。鱼量足，繁衍快，易捕捉，味鲜美，鱼骨可做器用。鱼成为一些氏族部落的图腾，强烈表达着原始人们的信仰和期望。

渔猎，鱼崇拜，天人鱼同构合一，先民们用与自然息息相通，生动而质朴的图形、符号进行了模拟与传达，生动地对当时的生存状态进行了再现与记录。这些把人和鱼结合起来的纹样装饰，代表原始人取获鱼并吸取鱼的神气的希望，是原始人寓意生命的再生和延续，是原始人古老的信仰、一种精神的力量显现。新石器时代彩陶器上这种反映或代表原始先民的想象和符号图像，再现远古先民们的生存情景。

新石器时代人面鱼纹盆

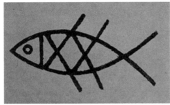

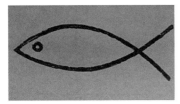

鱼的提炼概括

（一）提炼概括

提炼和概括是艺术表现的最基本形式。其特点就是以减法的方法，剔除繁复的非本质部分，保留和完善最典型意义的部分，并在此基础上，进行进一步修饰完善。

根据专家论证，原始彩陶纹中鱼纹的抽象化，以及楚汉凤纹的抽象化演变过程，是在制造工艺和绘制传承中逐步形成的。演变过程中可以看到，形态从具象向抽象过渡，以及形态逐步元素化的过程。而元素是经过高度提炼后形成的，元素化后的形态更具有塑造性。

（二）分解变异

从具象的自然形态到抽象形态，从原形到新形有一个转化过程，这个过程是通过分解达到的。"分解"是将完整的自然形态进行分解，找到它的比例美、节奏美、块面空间美、纹理结构美。通过分解，找到各种美的规律、构造成分、元素。这些成分和元素是促成具象形向抽象形转化的条件。

具象 — 变象 — 意象 — 抽象
（客观形态）（分解形态）（记忆形态）（新的形态）

原始彩陶单鱼演变　引自《新民族图形》

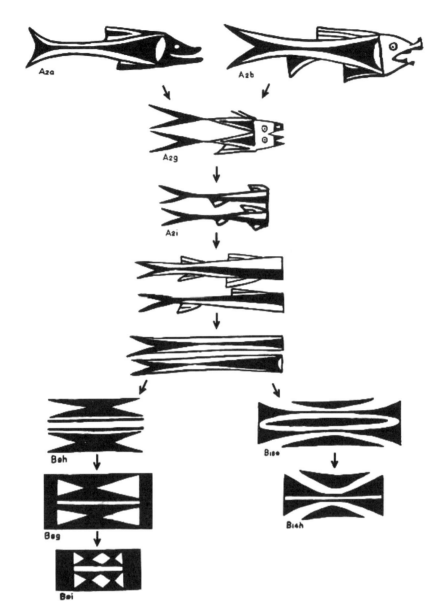

引自《西安半坡》

仰韶文化彩陶花纹中占比最大的是鱼纹。仰韶文化中期鱼纹已向写意发展，特别是鱼头外形由原先
不规则自然形概括为几何形

　　变异基本条件：

　　1. 分解元素：注意元素的选择、提炼、加工、简化，使元素符合美的法则；西安半坡的鱼纹演变，正
说明了它的分解作用。把鱼分解为头、尾、鳍、身几个部分，取其中（古人认为最美的）一部分组合，不
断演变成各种形态。

　　2. 组合变异：将典型元素用各种方法进行组合，在组合中消除一部分元素的定界，在两种以上元素中
进行融合会立即产生变异。彩陶纹饰的变异主要是由于较长时期绘制的辗转变化，为了达到加快速度成批
生产，在渐变中产生变异，这是受生产条件限制的。

　　研究彩陶时重在对变异规律进行研究。原始彩陶上的鱼形、花叶形，最后演变成为点、线、面（三角形）
所组成的纹样，人们已然看不到它的原形。但变异使它们更适应于装饰对象，更有韵律，更具有形式美感。

四叶错开　　复叶连接

叶分离　　三叶形成圆缺　　两叶并列

叶形分解、凤形分解变异　引自《设计艺术》

　　再如汉代凤鸟纹在漫长的历史演变中，其头部、尾部和翅都被分解出来，组成新的纹样。凤翅、凤尾的变异最为突出，而且作为独立形态，装饰到不同器皿上。其中凤尾的变化极其丰富，分解成许多新的形态。

　　凤尾单独装饰在漆瓶上，它与云形结合，采用龙纹骨格，这种变异既看不到凤形，也看不到龙形，也非唐草，形态活泼、奔放，已转成抽象的构成。凤凰却装饰在另一个盘的沿边上，是一种装饰带的格局。巧妙的是组合上，留出一条斜形的空地，远看像宽竹片编成，由虚转为实。

（三）打散构成

　　打散构成是通过打散、分解，找到元素的重新组合构成，以达到变异的目的。这一构成形式在几千年前的中国传统装饰纹饰中就已出现。原始彩陶中的鱼纹、叶纹中都运用了这个方法。先民们在生产条件严格限制中因势利导创造了如此优美的变形异化图形，打散再打散，组合再重构。如此多的，又有一定规模的彩陶生产中，这种装饰不是偶然的。从彩陶的资料分析，陶盆中有"人面含鱼"和鱼头组合，都比较写实。而在另一些陶器上既有变象的鱼头，又有长三角形的鱼身。广州美术学院姜今教授率先总结研究了这一方法，以老子"朴散则为器"的思想，为全国艺术院校设计教学拓展了一条新道路。

　　打散实质上是一种提炼的方法，需要掌握的一般规律，就是所选择的单形，不宜复杂，以简单单纯为好。

因为组合时两种以上形象互相影响，会产生复杂的变化。如彩陶鱼纹从具象到抽象的变化图中，我们可以看到逐步舍弃鱼头，只取鱼身至鱼尾边线形态作为单形元素，而这个形极其简单，组合后却产生了丰富的变化。

打散、分解是深刻认识、理解对象的方法，组合、重构是创意进入新境界的途径。

1.原形分解：一是原形分解，叶形分裂，一分为二，二分为四，在分裂中变异。分解后重新组合，或选取最具特色部分重新组合。另一种是局部形态自身的分裂、变异。

2.移动位置：打破原形结构，在变象后进行分解，移动原形部分，达到变异的效果。

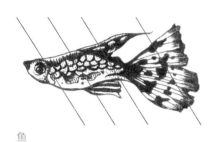  

鱼　　　　　　　　　　　鱼的切出构成　　　　　　　　局部组合

3.切出：将原形进行分切。分切时应选择美的局部、美的角度进行。注意保留最具特征的部分。先变象后分切，把生活与艺术的距离拉开，切出的形象就会自然，新颖。同时考虑分切形象线面的变化，切出后会更美。

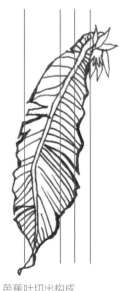   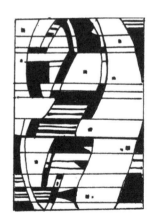

芭蕉叶切出构成　　　　叠映组合　　　　　　切出组合（纵向）　　　　切出组合（横向）

二、传统纹饰的象征性

从新石器彩陶鱼纹到战国青铜鱼形壶、辽代三彩摩羯鱼壶、元代青花鱼莲纹罐、明朝五彩鱼藻纹盖罐和大同华严寺寺庙屋脊上的鱼化龙等，传统文化以鱼为主题的作品创作中蕴含了中国传统的哲学精神，饱满的构图与中国人的整形观念相联结，灵动的鱼纹展现出民众炽热的生命意识，轻形重意的画风与中国人观念性的观物取象方式又密切相关。

　　"象征"这一词最早出现在古希腊文中，意为"一剖为二，各执一半的木制信物"，但随着词意的不断衍生，"象征"渐渐演变为借助于某一具体事物的外在特征，寄寓艺术家某种深邃的思想，或表达某种富有特殊意义的事理的艺术手法。中国传统图形内容丰富庞杂，最具有代表性的有生命热爱的象征，吉祥观念的象征以及对权威力量的象征。几千年来对于生命、力量和权威的意识，以及对于美好生活的向往追求，汇合为中华民族博大精深的文化意蕴和精神象征。我们在借鉴中国传统艺术图形时，要尽可能了解和查明原图形的文化内涵。然后根据传统习惯和社会习俗，选择人们熟知的象征物作为设计本体，继承发扬传统文化的精髓。

（一）生命的象征

　　人类从自然界的植物、动物规律中得到启示，深切感受到充满生命力的万物所带来的繁荣昌盛的景象。生命意识成为人类发展的基本文化意识。而对于鱼、蛙等动物和植物的崇拜就是这样产生的。

　　青花莲鱼纹盆中，最独特之处莫过于盘中的两条呈 X 形交错的鱼了。鱼虽肥硕饱满，却灵动活泼，处处充盈着新鲜的生命活力。鱼似在水中轻灵游动，又似准备腾空跃起。这一看似简单的构图样式，却让整个鱼身有了弹性，充满着无限的张力。鱼盘中鱼的形象固然生动可爱，但将鱼放置于一定的氛围中，其生命的活力才能更好地展现。瓷器上的鱼不仅形象千变万化，鱼的周边及空白处点缀的各种纹样更是千姿百态，有水草、波浪、鱼网等。这些多变的装饰纹样构

青花莲鱼纹盆

成一个个生动的场景，使盘中的鱼具有了"活"的精神状态。中国人以生命概括天地的本性，天地大自然中的一切都有生命，都具有生命形态，而且具有活力。生命是一种贯彻天地人伦的精神，一种创造的品质。中国艺术的生命精神，就是一种以生命为本体、为最高真实的精神。

　　传统纹饰中投射出古代劳动人民对自然和图腾的崇拜信仰，寄托了匹偶合欢、吉祥如意的美好人生愿望，并象征着生命轮回的自然规律。可以看出，古代鱼形纹饰在现代装饰设计中的应用是多元化的，也

剪纸鱼儿绕莲

剪纸抓髻娃娃　　　　剪纸喜男娃

揭示了传统鱼纹纹饰在现代设计中所产生的积极意义。所以,设计者要对传统文化艺术加以吸收和改造,
汲取传统文化的精髓,秉承中华灿烂文化的遗产。

(二)吉祥的象征

中国传统纹饰纹必有意、意必吉祥,体现了广大劳动人民对于美好、安宁生活的追求和期盼。纹饰图
案运用谐音、比兴、借喻等方式使之适应人们的心声。

元明清的鱼纹饰多为鱼物图,通过"物"来为"鱼"营造一种情境,使鱼的生命活力在这些情境中展
现得更加生动多姿。鱼物图中的祥瑞图饰,就是从最初的生存需要、事物认知转化而来的。作为一种传递
吉祥观念的纹样,"鱼"和"物"之间被赋予了更丰富的情感和更多新的含义,如将鱼和磬放在一起表示"吉
庆有余",鲇鱼和橘子放在一起意为"年年大吉",鱼同莲花放在一起则意指"连年有余"。人们用谐音
联想的手法来寄托对富足生活的向往,来展示一种积极向上的生命精神。在青花鱼盘中,"鱼"和"莲"
的组合最为精彩,莲作为装饰纹样被点缀在盘的周边及空白处,造型极为简练,虽只有寥寥数笔,但整个
画面有了新的意境,鱼儿也因它有了生命。

青铜鱼(战国)　　　　　青花鱼莲纹罐(元)　　　　　五彩鱼藻纹盖罐(明嘉靖)

北京故宫博物院馆藏的战国时期青铜鱼,鱼器的造型和纹饰已摆脱了商周青铜礼器神秘、凝重、繁缛
的风格而走向生活化、写实化。此时壶的造型多种多样,鱼形壶等仿生类造型取材于吉祥之物,但并不多
见。元代青花鱼莲纹罐,通体青花装饰。颈部绘海水浪花纹,肩部绘缠枝牡丹纹,腹部绘莲池鱼藻纹,近
足处绘卷草纹和仰莲瓣纹。此青花罐以写实手法描绘鲭、鲌、鲤、鳜四条鱼游弋在莲花水池中,青花发色
浓艳,使人赏心悦目。明嘉靖年间的五彩鱼藻纹盖罐,是官窑青花五彩瓷器中的名品,形体高大规整,
胎体厚重,色彩艳丽,构图疏密有致。所绘鲤鱼鳞鳍清晰,与周围的莲花、浮萍、水草融合在一起,显
得生动逼真。这些常用的装饰纹饰的出现使图案不再是点与线的组合,而是一条真正具有无限生命活力
的吉祥鱼。

(三)力量和权威的象征

生生不息的大地上,先民从在不可知的大自然面前产生畏惧,而拜倒在自然神灵脚下,到企盼自身拥
有巨大的力量以征服自然。中国古人在各类艺术作品中表现出来的动物形象,大都强调其勇猛、矫健有力

摩羯鱼纹　通辽市博物馆

辽代　三彩摩羯壶　通辽市博物馆

的身姿，折射出人类对力量的仰慕和权威的崇敬。像龙、凤、麒麟都是想象出来的神兽神鸟，有着人类想赋予自身的通天地、降妖魔的无比威力。

南北朝至隋唐时期，随着佛教的传播，流行着一种龙首、利齿、双翼、鲤鱼身形象的龙鱼合体纹饰图案，就是摩羯鱼纹。西来的摩羯形象经历了一个中国化的过程。古印度神话中，摩羯身形巨大，常以兽首（鳄鱼、大象）、长鼻、大口、利齿、鱼身鱼尾的形象出现。度河西有一座石刻鱼鳞纹塔。传说如来为救受疮病之苦的摩羯国百姓，跃入水中化为大鱼。人们吃了鱼后病体痊愈。于是摩羯鱼便成了佛教圣物，受到众多信徒的顶礼膜拜。唐初摩羯鱼本无翅膀，在流传过程中人们把它与"鲤鱼跃龙门"的故事合二为一，渐渐为其增加了中国龙的形象特征。鱼、龙两种形象均在传统中华信仰中占有一席之地。鱼多子，且"鱼""余"同音，于是成为后世人们追求美好

十二章纹

生活的象征；而龙则是传说中上天入地、呼风唤雨，无所不能的神兽，是中华民族经久不衰的永恒信仰。鱼和龙均为水生，"天河地川相连"，鱼、龙都拥有行云降雨的功能。如此，鱼龙之间相互幻化，赋予人们追求梦想、幻化自身的无限力量。

由日、月、星辰、山、龙、华虫、宗彝、藻、火、粉米、黼、黻组成的"十二章纹"集中体现古代帝王对权力威望的追求。十二章纹可追溯到史前时期，到周代正式确立，成为帝王服章制度。十二章纹每一章纹饰都有取义，其中"黼"以"斧"为谐音，是左黑而右白的斧形图案，象征做事干练果敢。"黻"为两个半黑半青的弓字相背，取其向背而代表背恶向善之意，意为决断，表能明辨是非，知错就改。以纹饰作为力量和权威的象征，是人类在与自然长期斗争中自然升腾的需求。

三、校考真题与课题拓展

（一）课题练习【鱼之乐】

阅读材料：

庄子与惠子游于濠梁之上。庄子曰："倏鱼出游从容，是鱼之乐也。"

惠子曰："子非鱼，安知鱼之乐？"

庄子曰："子非我，安知我不知鱼之乐？"

惠子曰："我非子，固不知子矣；子固非鱼也，子之不知鱼之乐，全矣。"

庄子曰："请循其本。子曰'汝安知鱼之乐'云者，既已知吾知之而问我，我知之濠上也。"

——《庄子·秋水》

考题：人类对待自然大致有三种态度：一是畏惧与崇拜自然，二是征服与利用自然，三是与自然亲和共存。智慧的古人很早就萌生了与自然同乐的生态观。如孔子提出"知者乐水，仁者乐山"，庄子追寻着"与麋鹿共处"的境界，陶渊明敞开"复得返自然"的心怀。他们尊重自然、钟爱自然、倾慕自然、乐于融入自然的审美观，对我们当今的生存和科学发展不乏启示意义。请你参照范图，运用所提及的彩陶纹饰的装饰构成方法，在相同外轮廓的两个圆形水滴（正圆或水滴造型）里完成以鱼为主题的创作。

刻线鱼纹盘（战国）　　　　　　　　　　　　单、复体鱼纹课堂练习

提示：对有美术基础的同学而言，鱼的轮廓形态并不难画，难就难在进行美的图形创意表现。如何把对现实生活中的鱼的认识体验，重新改造组装，形成比生活更典型、更完美、更感人的艺术"鱼"的形象？

前面的学习中，我们可以看到原始彩陶鱼纹分为单体鱼纹和复体鱼纹两种。单体鱼纹中有的鱼身各部分俱全，有张口有牙，目大睁向前张望；有的无鳍；有的鱼体简化为三角形，头、身各部都由三角形构成，其他部分以简单短线表示，有明显图案化意味。复体鱼纹是由两条或两条以上的鱼组成一组纹样，有压叠的和平列的两种组合形式。这种纹样数量多，形态变化复杂。

刚接触设计的同学，可先从鱼的具象写生入手，也可尝试将多条鱼以旋转组合的方式构成新的图形，并尝试以点、线、影绘的形式转换原本的素描造型语言。大胆表现，注意画面的黑、白、灰层次，学习以"点线面"表现"黑白灰"。

第一次在图形里尝试画设计图稿，可适当降低难度，不一定非要把一条鱼全部画完整，可选取鱼身体的一部分，或鱼头鱼尾填入适合的图形中进行画面表现。

课堂教学指导作品：魏晨曦、张怡晨、陈蕴怡、许沁妍、宋仁浩、郑雨轩、赵蕾、杨文昕、刘霜、沈涵月、陆艺云、马丽莎、朱梦瑶、顾浩、许晨阳、许昕怡

以鱼为主题的装饰图案变形，在圆形适合纹样中进行表达。
要充分考虑到圆形的形态特点，构图简洁而有张力。可选
择单条鱼，也可"鱼物"相组合，植入海面或水的多元形式，
以适合的造型丰富、填充圆形。

课堂教学指导作品：张沁怡、王怡柯、陆思瑜、唐鑫、王雨茗、张莘宇、张子萌、曹杨雨帆、魏欣雨、沈可妮、汪子悦、陈慧琳、陶子涵、顾及、饶梦瑶、陈思怡

（二）校考真题【江南大学】

左图是对"鱼"的造型进行的装饰变化。请再用其他的装饰手法，画出四种"鱼"的造型。（40分）

要求：

1. 注重装饰美感，强调创造力；

2. 表达完整，突出现代感；

3. 单幅尺寸 3cm×4cm，黑白灰表现。

考题分析：江南大学校考《设计基础》满分 250 分，要求考生在 2 小时内完成综合设计，装饰（图案），文字或图形创意三个知识点的设计表达。江南大学考题旨在对考生创意思维能力、装饰基础和图形概念表达进行全面考量，充分体现了学校对艺术设计类人才培养的目标要求。

小学生画的鱼　　　　　　　　　　　高中生写生鱼　顾浩　周心怡

很多同学长期接受应试美术教育，习惯对照具象物体写实，但对设计基础了解得不够充分，所以在看到不同类型的创作题目时容易犯晕。审这道关于鱼的考题时，先不要紧张，因为我们小时候已经画过很多鱼了。如左上方就是小学生画的鱼。经过多年美术基础训练，我们可以把鱼画得栩栩如生。设计前，需要回顾下写生鱼时的情景，再努力回忆下孩提时画鱼时无拘无束的状态，让思维自信释放一回。当然，还需要学习一定的装饰表现技法。

鱼类主题装饰造型不同于一般的写生绘画，源于生活，又高于生活，鱼多选侧面进行造型表现。对于装饰造型，设计者可以通过创意想象，运用各种手法构成全新视觉图形。这个变自然形态为艺术形态的过程是有规律可循的。而创意思维表现其本质没有固定的模式，创意表现手法也是丰富多样、灵活多变的。

1. 创意思维表现

联想与同构是设计者在进行形象思维和想象过程中必不可少的环节，它能够帮助设计者创造出具有丰富内涵的图形视觉语言。

鱼头凤尾 唐雨菁等

（1）想象：一种积极的思维形式，是人在头脑里对已储存的表象进行加工改造，形成新形象的心理过程。

联想：因一事物而想起与之有关事物的思维过程。联想是触发想象的起点。

中国传统造型艺术中，传统艺术图形在每一个历史时期的演变，都不是对原始母题的彻底否定，而是以新的审美观念赋予其新的形式。中国传统艺术的联想往往用比喻、借喻、象征和谐音等方法来表达内涵。像民族装饰中所采用的方法是"实形"喻"虚形"，以具体物象来象征、比喻抽象的观念和精神的象征。现代设计借鉴传统图形时，这是我们需要深刻了解的。

（2）同构：视觉美学中，某个元素为多个元素所共用的现象，是奇妙的视错觉现象。构成的新图形并不是原图形的简单相加，而是一种超越

陶器与鱼   树枝与鱼

或突变，形成强烈的视觉冲击力，给予观者丰富的心理感受。现实生活和艺术作品中也多有应用同构现象的地方。

2. 装饰技法表现

动物身上自然形成的纹理是很美的。可将前面在适合形中所练习的点、线、面表现技法运用在动物外轮廓上。在装饰造型的基本型确立之后，内部组织初步形成的情况下，还要深入对内饰形、内饰纹进行争让、穿插，同时要考虑到它们之间的相互联系与结合，考虑局部和细节之间密切的谐调配合，线的层次条理分明，画面气韵流畅。让鱼的外形与内饰纹整体化一。

点线面形式拓展

①点

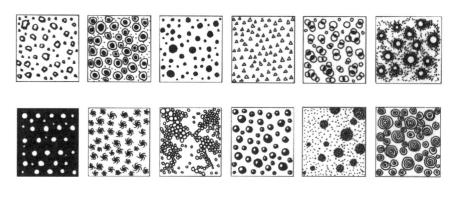

②线

③面

④点线面综合描绘

胡昕玥等

　　装饰造型表现实现了客观物象向主观意象的转化。它不是客观的再现，而是主观的再创造。这种创造就是艺术的美感体现。这一设计过程需要将自然形删繁就简，保留其动人的典型特征加以改造。这也是将感性认识提高到理性认识的一个过程。通过主观想象加以美化，给人以强烈的艺术感染力。

课堂教学指导作品：周心怡

化茧成蝶

　　蝴蝶的生存空间是美好的、自在的、愉悦的；蝴蝶色彩斑斓的羽翼，与花的亲近，给予我们审美的愉悦；它化茧成蝶的过程，带给人们生命意义的感悟。跟蝴蝶相关的成语也很多,但衍生出来的意思却很统一:任何人都会在成长中经历蜕变,蜕变虽辛苦,但只要熬过了那段艰苦的岁月,就会美丽翩跹。

一首小提琴协奏曲《梁祝》，演绎了一段感人肺腑的故事。独奏小提琴的散板节奏，和弦的连续进行，锣鼓的相互映衬都巧妙地展现出音乐的魅力，带我们进入了美的意向世界。每一种艺术都有其独特的表现形式，通过不同的外在形式美来传递感人的精神魅力。

古代艺术家非常重视绘画中的艺术形式美。东晋顾恺之提出了"置阵布势"，强调"美丽之形"（形象）、"尺寸之制"（比例）、阴阳之数（明暗）、"纤妙之迹"（技巧）。为了突出形式美，又强调"悟对"传神。唐代张彦远，把涉及形式美关键一法"经营位置"（构图），列为"画之总要"。古人把形式美看作是创作成败的关键。

一、装饰图案的形式美

何谓形式美？形，即原形。式，指式度，即"法则""法度"，有用法的含义，也是一种"格律"。"形"是自然，"式"有人为含义，二者结合在一起，可以理解成自然形态经过人为改造，形成了一种新式样。而这种改造是在一定的"法则"规范下进行的。所以说，形式美是艺术家在长期艺术实践中对大自然形式美的归纳与总结，逐渐形成的具有相对独立审美价值的美学理论，并成为指导与衡量艺术设计的基本规则。

形式美对设计而言，有决定意义。因为设计的美，不同于音乐、戏剧、雕塑之美。设计的美对外形美有明确要求，要求形式与内容的统一，要求自觉审美与意蕴审美一致。它不像音乐，可从悲壮凄美的曲调中感受美，不像戏剧，可在伤心落泪中品味美，不像雕塑，即使残缺也能表达美。设计作品中的物质与精神，美观与实用，社会价值与意识形态，都是辩证的关系。设计形式是为有效传达设计内容而存在的，有独特的审美价值。

二、形式美法则

形式美法则，是所有设计学科共通的课题。在日常生活中，美是每一个人追求的精神享受。当你接触任何一件有存在价值的事物时，它必定具备合乎逻辑的内容和形式。这种共识是从人们长期生产、生活实践中积累的，它的依据就是客观存在的美的形式法则，称为"形式美法则"。美的法则和其他事物发展一样，都有自己的规律性；找到了美的规律、美的法则，有利于造型设计及形式美的创造。

（一）比例与尺度

设计的形式美，受到生产工艺性限制，不同于一般绘画形式。它要求结构严谨，要适应生产条件，审美和工用的矛盾要在设计上得到统一。这就包含了一个重要的尺度与比例美的问题。

1. 比例

装饰图案设计中，比例是指图案各个组成部分之间面积大小、线条长短、宽窄的对比关系。图案设计中，比例是有量化标准的。中西方图案中比例法则各有不同。西方人倾向于从建筑样式中产生图案法则，如希腊人在五六世纪就从建筑构造中产生一种美的法则。

（1）西方图案的数列之美

①斐波那契数列

13世纪意大利数学家斐波那契在《计算之书》中提出斐波那契数列。该数列的特点是每一个数都是前两个数的和。前两项是0和1，此数列的前几项如下：0，1，1，2，3，5，8，13，21，34，55，89，144……随着斐波那契数的增加，相邻两项斐波那契数的比例会无限接近黄金比例（近似值为1：1.618或0.618：1），因此斐波那契数列也被称为黄金数列。斐波那契数列与比例，是被公认为最和谐、最符合人类审美的比例关系。

自然界中存在的生长现象和结构，以鹦鹉螺的螺旋生长线为最著名的代表。大部分贝类的生长线，是以比例分割延伸而形成的螺旋线，大部分与斐波那契数列相关。松果和向日葵的螺旋成长方式是相似的，研究发现有8条顺时针方向和13条逆时针方向的螺旋线，这个比例也非常接近于黄金分割率；在向日葵的螺旋线中，同样有21条顺时针和34条逆时针的螺旋线。8，13，21和23，都是斐波那契数列中的数字。将斐波纳契数列（1，1，2，3，5，8，13，21）乘以一个系数，作为正方形的边长，按右图方式顺时针方向排列，构成一个斐波纳契矩形。在上述斐波纳契矩形的基础上，在每一个正方形内，以正方形边长绘制一个1/4圆，如右图所示，就构成了斐波那契螺旋线。

②黄金分割律与黄金矩形

0.618或1.618，这熟悉的数字展现的经典数学比例关系。这就是由公元前6世纪古希腊数学家毕达哥拉斯所发现的黄金分割律，后来古希腊美学家柏拉图将此称为黄金分割。即把一条线段分为两部分，此时短段与长段之比恰恰等于长段与整条线之比，其数值比为1：1.618或0.618：1。黄金分割在被发现之前，在客观世界中就是存在的；只是人们在揭示了这一奥秘之后，才对它有了明确认识。人们根据这个法则再来观察自然界，就惊奇地发现原来在自然界的许多优美的事物中能看到它，如植物的叶片、花朵、雪花、五角星……许多生物的身

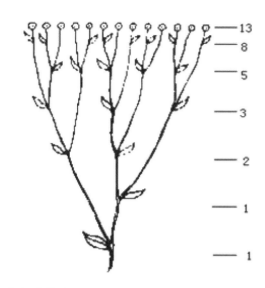

斐波那契数列

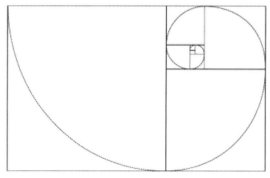

斐波纳契矩形

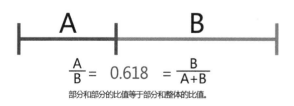

$$\frac{A}{B} = 0.618 = \frac{B}{A+B}$$

部分和部分的比值等于部分和整体的比值。

黄金分割律

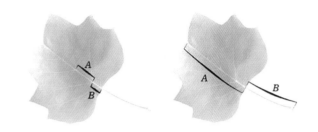

植物叶子中的黄金分割

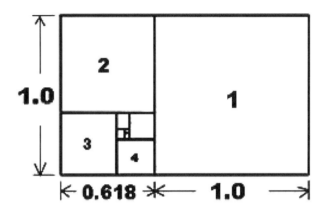

黄金矩形

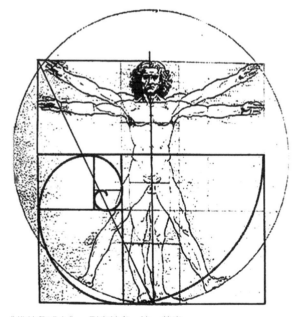

《维特鲁威人》 列奥纳多·达·芬奇

体结构中，特别是人体中更是有着丰富的黄金比关系。动植物的这些数学奇迹并不是巧合，而是它们在亿万年的长期进化过程中选择的适应自身生长的最佳方案。黄金分割律作为一种重要的形式美法则，成为世代相传的审美经典规律。由黄金比可以衍生出黄金矩形，它的长宽之比为黄金分割率 0.618，并且不断以这种比例分割下去。黄金分割率、黄金矩形能够给画面带来美感，令人愉悦。在很多艺术品以及建筑中，我们都能找到它。埃及的金字塔，希腊雅典的巴特农神庙，印度的泰姬陵，这些伟大杰作都有黄金分割的影子。还有达·芬奇的《蒙娜丽莎》中蒙娜丽莎的脸也符合黄金比，《最后的晚餐》同样也应用了该比例布局。

人们之所以会对这样的比例本能感到美的存在，是因为这与人类的演化和人体正常发育密切相关。这个数字在自然界和人们生活中到处可见：人们的肚脐是人体总长的黄金分割点，人的膝盖是肚脐到脚跟的黄金分割点。人体结构中有许多比例关系接近 0.618，从而使人体美在几十万年的历史积淀中固定下来。人类最熟悉自己，势必将人体美作为最高的审美标准，凡是与人体相似的物体就喜欢它，就觉得美。古希腊数学家毕达哥拉斯有句名言："凡是美的东西都具有共同的特征，这就是部分与部分以及部分与整体之间的协调一致。"

任何形式，都有它的比例。但并非任何形式的比例都是美的。要从装饰效果、艺术构思来考虑，要通过对比、夸张的比例来突出它的美。尺度虽有严格要求，但比例要求灵活应用。设计造型的比例，它虽出于自然，却不限于自然。

（2）中国图案的规矩之美

中国图案的规矩，存在于中国历代大量的优秀图案作品上，需要我们去发现，去探索。汉画像砖上的伏羲与女娲尾巴缠绕在一起，他们在手中分别拿了一件东西，一个是规，一个是矩。古人认为"不依规矩，不成方圆"，图案在许多方面不同于绘画，图案创作必须有一定规矩来约束，有这种规矩约束的图案才美。图案的规矩之美可以追溯到远古的河图、洛书，《易经》上的太极图到八卦，书法学习用的九宫格，织物的结构演变而来的米字格，就是九宫格加对角线而成的。图案美中包含客观规律和人的主观创造，规矩情理中，蕴含着"数"的概念。中国传统的宫廷建筑，讲究四方八位，居民的"四合院"的对称样式等，都是传统的格局。这是"丝绸之国"传下来的美的传统。这种特色造成中国与西方截然不同的结构与格局比例。

①九宫格式

九宫格来源于中国建筑"四方八位"的九宫布局。这始于汉代的制度，流传到宋元。九宫格和米字格的产生，使不统一的形象统一起来，达到变化与统一相结合的美。它将画面平均九等分，其中四个交叉点为黄金点，画面主体可放在四个交叉点中的任一点上，而不是放在画面的中心或接近中心的位置上。像少数民族的蜡染花纹，就是根据织物的四方八位，也即"九宫格"式的组织，分割为种种大小不等的美的比例，从而产生方形、圆形、三角形的组合，构成花草虫鱼、飞禽走兽，组成局部与整体相辅相成，千变万化的

贵州蜡染九宫格式构图　李欣慰绘

构图。不管怎样变化，构成比例都是正方正圆中切割划分，看上去朴素大方，极具中国民间特色。

中国建筑中居民的四合院、寺院、庙堂以及庭园等结构布局，都以"四方八位""九宫格式"为基础。讲究一定体制，一定方位，一定的上下、左右、前后关系。即使是庭园布置，其亭台楼阁都有方式，也不是随意安排。而苏州园林和法国凡尔赛宫，一个是九宫格方形比例，一个是黄金分割矩形比例，两者效果迥然不同。我们还可以在室内设计、服装、生活用品的造型设计中，找到这些不同点。

九宫格式后来还演化为"七巧板""益智图"，产生了种种中国式的几何图案以补自然形之不足。这两种结构是方形的几何原形，却在黄金矩形外，别开生面地创造了中国图形。

②太极

中国人的聪明智慧是被"太极""八卦"启发的，太极生两仪，两仪生四象，四象生八卦……八卦是中国古代人民的基本哲学概念，其奇妙之处不仅在于变化无穷，与西洋的黄金律相同之处是以数学几何勾股法作为变化的根据，不过一个是依方，一个是依圆。

这里几个图案，是历代图案设计中用"太极"形画面转化而成的，基本上是利用S形划分为一对变化统一的形象，或者为"囧"字形式。前者在传统图案格式中叫作"喜相逢"。像一对蝴蝶，一对凤凰，一双鱼，都表现运动、飞奔，互相照应、照顾、回旋等内容。后者是囧形构图。从甲骨、商周陶器、战国漆器和汉代铜镜上都可以找到这种象征光明，寓意幸福的"月照窗明"式的旋涡形纹样。

越瓷刻画花双鸟纹　　　　　　青釉瓷碗刻枝牡丹花纹（宋）　　　　　　战国双凤纹漆盘

太极图形构成运用图例

楚漆器卷云纹盘　　　　　　蟠凤纹奁　　　　　　西汉三辟邪纹漆盘　　　　　　三鸟纹瓦当（汉）

图形图案运用图例　　引自《雷圭元图案艺术论》

设计的形式美，不是指一般反映事物的形式，它是指一种特殊的艺术形式。它要依赖于这种形式来表达设计的内容，使美和用得到统一。因而，形象愈高度概括，形式也就愈鲜明。

2.尺度

尺度是严谨的，具有实用性和科学性。比例可以影响到设计作品的视觉美，但尺度决定了设计作品是否符合命题要求，在生产环境中能否应用恰当。在艺术设计中尺度还影响到整体与局部、设计作品与人的关系。

分割美是依据左图叶形（或其他自然形态）比例分割形成，可将具象美转入抽象美。只有充分了解中国与外国图案形式美中比例与尺度的区别，才能"古为今用""洋为中用"，更好地继承、借鉴、发展图案艺术。

（二）节奏与韵律

节奏与韵律的关系建立在统一与变化的基础上，在形式体现上是相辅相成的，二者有机结合在一起，不能过于强调一方或舍弃另一方。中国古代藻井、铜镜、漆盘、建筑几何纹装饰等，从结构、骨架、纹样组织、

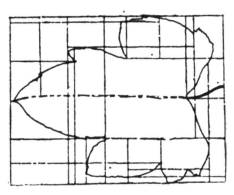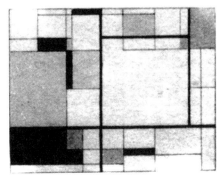

比例与尺度美的提炼　引自《设计艺术》

元素、比例、尺度到形态的变化，形象的反复、排列、转换、对称、均衡等，几乎都有像律诗那样的严格的"音节"和"韵律"，是一种非常有表现力的美的形式。

1. 节奏

节奏是有规律性的重复，它是音乐上的术语，在造型艺术中则被认为是反复的形态和构造。在装饰纹样中，将图形按照等距格式反复排列，做空间位置安排，如连续的线、断续的面、相同的形等，都能产生节奏感。节奏还具备机械运动的美感。

如中国图案中的二方连续，最初形式是点的连续反复，如陶器上用贝纹排列的反复连续，后来在点与点之间增加了各式各样的内容，出现了点与弧线、网纹等纹样，后来又有唐草纹、缠枝纹，都由二方连续的格式组成。

2. 韵律

韵律是使形式富于律动感的变化美。韵律本指诗歌、音乐中的音韵和格律。韵律和时间的关系较大。所以，具有时间性的造型艺术都能表现出韵律美。装饰图案设计中，当相近相似的重复与抑扬顿挫的变化相结合时，便能产生视觉上的韵律。韵律最简单的表现方法，是对一个形象单位做有规则的、连续的表现，使其产生变化，从而营造轻快、令人激动的延续感。比如山脉的绵延、大海的波涛起伏、四季的转换都能让人感受到韵律的讯息。

以唐代蔓草纹为例，其起伏流畅的波线形骨格线与各个波谷间相似而不相同的花叶母题相结合，由此产生优美的韵律。韵律是既有内在秩序，又有多样性变化的复合体，是重复节奏和渐变节奏的自由交替。

唐草，即蔓生的草，其特点是茎枝可向四面八方蔓延。茎、须、叶有节奏地分枝，卷曲成旋涡状，大小疏密配合甚美。它适用于独立纹样、适合纹样、二方连续纹样、四方连续纹样，适用于各种形状的画面装饰。

唐草纹一直是在发展的，最初是花草，后穿插鸟兽。渐渐将唐草转化成纹样的骨格，它与夔龙结合，又与凤尾结合（马王堆装饰纹样），变化丰富多彩。一千多年来，它被提炼得相当完美，是具有民族特征的典型性纹样。现代设计中，借用唐草骨格转化为现代感的抽象图形，受到人们的欢迎。人民大会堂的建筑装饰中就有唐草的运用。

唐草纹　引白《中国图案作法初探》

三、校考真题与课题拓展

（一）校考真题【江南大学】

在蝴蝶形的外轮廓内，任选植物、人物、工具材料为元素创作一幅黑白装饰画。尺寸为8cm×8cm。（30分）

和田玉锁（晚明）　私人所藏

佚名

考题分析：这是一道典型的异形同构题目。异形同构是将两个原本不相关的图形组合在一起借以表达主题思想。异形同构的构成技巧关键在于不同形的组合、协调应该是自然得体的，而不是硬行拼凑的。

中国传统象征图形中异形同构形式也很多。民间美术的鱼人、蛙人剪纸同构，以及四季花草果实同构。古人在这块和田玉锁的外轮廓内，透雕着有"福禄寿"吉祥寓意的蝙蝠、铜钱、寿桃和寿字纹样，工艺精湛。中国传统的异形同构图形大多出自对生命繁衍的期盼。古时，孩子常受到各类疾病困扰，要长大不易，大人们希望以锁的形式，把所有能使孩子长大长寿的寓意蕴含其中，锁住孩子的生命，护佑其平安长大。

西方现代图形中异形同构是创造一种能够更生动、更直接表达主题思想的图形语汇。像左图中经典的蝴蝶图，就是在蝴蝶的外轮廓内，分别将不同的人物、动物造型植入其中。这种创意方法注重形与形之间的结构关系和对画面整体结构的经营。它更多地带有作者的主观意识。对于这类创意的要求所采用的形象素材要有针对性，也更加具体化。异形同构在今天的标识设计和广告设计中最为常见。在广告招贴上的功用特点就是传递信息，表达主题思想。

左图讲述了蝴蝶的圆形虫卵经由风吹、雨打、日照的磨砺，最后化茧为蝶的经过。

蝴蝶的羽化过程象征着一种执着的追求。

蝴蝶异形同构发散性思维训练
课堂教学指导作品：孙嘉悦、李昊泽、陶缘玥等

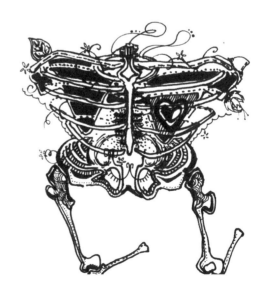

异形同构的构成技巧关键在于不同形的组合、协调要自然得体，而不是硬行拼凑。现代图形中异形同构能创造一种更生动、更直接表达主题思想的图形语汇。这种创意方法注重形与形之间的结构关系和对画面整体结构的经营。它更多地带有作者的主观意识。

00后高中生全新的阅读层面带来的蝴蝶创意表现让人耳目一新。

设计十六日　美术院校设计类专业校考攻略

031

课堂教学指导作品：蝴蝶异形同构
徐星航、胡慧怡、朱佳逸、黄馨、吴王依

课堂教学指导作品：蝴蝶与人异形同构
王妤婷、肖炀、余文龙、房梦楠、华雯

设计说明：图中在蝴蝶双翅上向背而睡的两人是希腊神话中的孪生兄弟——睡神修普诺斯和死神塔纳托斯。修普诺斯的性格温柔，他在与死神相对时，以人神皆不能相拒的催眠术帮助人在死亡之际进入恒久的睡眠状态。

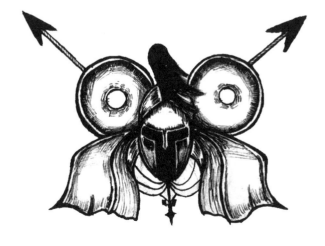

课堂教学指导作品：蝴蝶与器乐等生活物品（异形同构）
赵君豪等

课堂教学指导作品：蝴蝶异形同构（发散性思维训练）
顾雨诗、顾依蕾等

（二）校考真题【鲁迅美术学院（2017年设计类考题）】

创意设计考题：《经典与自然》（满分150分）

要求：

1.以蝴蝶为原形，通过形状、大小、角度等变化，画出三个不同的黑白图形。尺寸：9cm×9cm。

2.将三个不同的蝴蝶图形与小提琴组成一幅彩色创意设计。尺寸：24cm×24cm。

使用五种以下颜色，限水粉、水彩、马克笔、彩色铅笔表现。

3.横式使用试卷。

4.时间：3小时。

考题分析：小提琴给人一种优雅的感觉，寓意着主题中的"经典"；而蝴蝶是灵动的，有生机的，寓意主题里的"自然"。小提琴属"静"，蝴蝶属"动"，画面中正好可以"动静结合"。蝴蝶翅膀的纹理以及小提琴的造型都可以运用到一些形式美的法则，使画面营造出一种和谐的、活泼的氛围，给人以美好的，充满希望的感觉。

教学作品展示：

下图的《经典与自然》将小提琴从装饰上进行了变形和夸张，灵活运用了形式美中的比例。蝴蝶的翅膀上运用到了斐波那契数列，是形式美中数列之美的展现。周围用音符及树叶进行点缀，进行了不规则排列，体现出了画面的节奏感。画面构图饱满、点线面关系得当、装饰语言运用熟练。

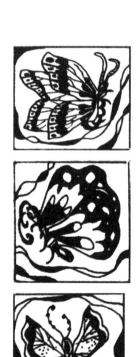

下图吕裔天的作品中，扭曲的小提琴多次从不同方向出现，蝴蝶、音符、琴键穿插其中。作者围绕主题，对元素进行了打散重构处理，在传统九宫格构图基础上，向画外做了延伸，在规矩统一中求得画面的变化。

（三）课题拓展【化蝶】

阅读材料1：我国现有蝴蝶1300多种。蝴蝶花纹是苗族在服饰上绣制的富有民族特色的纹样。苗族人对蝴蝶花纹的喜爱，缘于古代的图腾崇拜。在关于蝴蝶妈妈的苗绣中，苗族人采用了多种想象，把色彩鲜艳的花绣在了蝴蝶身上，把与大自然相关的美运用在蝴蝶上，使人感受到蝴蝶妈妈的美丽、善良。苗族妇女在苗绣的构思创作中，发挥聪明才智，大胆运用夸张和变形的手法，通过极富想象力的艺术处理，把现实和想象完美地结合，创造了各种各样不合理但又合乎情感的艺术形象。通过刺绣等手段，把神秘、朦胧、不可捉摸的传奇故事表现出来。（文件、图片资料来源于百度）

阅读材料2：蝴蝶作为大自然中的一种昆虫，一直受到诗人、画家的青睐。蝴蝶是诗歌意境中的美好原型之一："留连戏蝶时时舞，自在娇莺恰恰啼。"（杜甫：《江畔独步寻花七绝句》）"穿花蛱蝶深深见，点水蜻蜓款款飞。"（杜甫：《曲江二首》）"蜂蝶纷纷过墙去，却疑春色在邻家。"（[唐]王驾：《雨晴》）……西方人称蝴蝶为森林中的精灵，认为它们是清婉灵动的仙子，喻示着美好。在中国，蝴蝶亦是吉祥的象征。讲究的中国人又叫它"福叠"，赋予它福气绵长之意。（文件资料来源于《复旦大学学报（社会科学版）》《中国新时代》）

阅读材料3：南京大学自主招生考题中有一题是"为什么梁山伯与祝英台会化成蝴蝶，而不是比翼鸟或者连理枝？"很多同学脑洞大开，有精彩答案如下：蝴蝶较为常见，不同于只存在于神话中的比翼鸟。而蝴蝶与文学的结缘始于《庄子》："昔者庄周梦为胡蝶，栩栩然胡蝶也，自喻适志与！不知周也。俄然觉，则蘧蘧然周也。不知周之梦为胡蝶与？胡蝶之梦为周与？周与胡蝶则必有分矣。此之谓物化。"这也就是我们常说的"庄周梦蝶"。因为这个典故，蝴蝶这个意象蒙上了一层梦幻、凄迷的色彩，用在梁祝这段故事的结尾，也能带来一种虚幻、唯美的审美感受。比翼鸟象征圆满，而这并不是一个圆满的故事，蝴蝶更加符合故事的基调。蝴蝶的内涵非常丰富：它外观美丽，但生命周期短，象征梁祝绚丽而短暂的人生；它羽化的过程又寓意着一种执着的追求和抗争，一种以生命为代价的升华和蜕变；它成双成对地飞舞，象征着忠贞不渝的爱情……相比起来，比翼鸟的内涵相对单一了。而以蝴蝶结尾，带有多重寓意，也给人以无限遐想的空间。（文件资料来源于搜狐）

课题练习：《化蝶》

要求：请从上述材料中任选一例，充分运用形式美法则（比例与尺度，节奏与韵律），以蝴蝶为原形进行黑白效果的装饰图案设计或装饰画创作。

表现形式不限，尺寸不限。

考题分析：蝴蝶属性鲜明，常被选作创作元素。一方面是蝴蝶意象所构成的情景代表着美好的生存形态，另一方面是这一元素给审美主体以愉悦情绪。因此在中外艺术作品创作过程中，蝴蝶这一意象所被赋予的内涵大体也是相似的，它带给人们的是一种美好的生存愿景。蝴蝶的生存空间是美好的、自在的、愉悦的；蝴蝶色彩斑斓的羽翼，与花的亲近，给予我们审美的愉悦；它化茧成蝶的过程，带给人们生命意义的感悟。跟蝴蝶相关的成语也很多，但衍生出来的意思很统一：任何人都会在成长中经历蜕变。蜕变虽辛苦，但只要熬过了那段艰苦的岁月，就会美丽翩跹。这道对表现形式、尺寸都没有限制的设计题自由度很高。希望同学们在阅读材料所展现的感人的故事基础上，有感而发，尽情创作。

课堂教学指导作品：化蝶　周心怡、王泽美、王妤婷

周心怡借鉴了唐草纹和太极的元素，把蝴蝶图案化处理，卷曲成旋涡状，转化为具现代感的抽象图形。我们根据不同的角度可以看到3只不同造型的蝴蝶。

王泽美同学的化蝶，用大面积的深色调反衬出蝴蝶，把蝴蝶的形态进行了留白处理，没花太多笔墨重点刻画蝴蝶。但蝴蝶旋转向上飞腾的状态，让仿佛置身在黑暗中的人，充满憧憬，看到点点充满希望的微光。尝试借助马克笔进行色彩效果表达。

融融的月光无声洒落在莲花池畔，洗净世间的尘嚣。光晕向外一圈圈弥漫，落满人间。菩萨低眉，手指轻捻，对蝶执着的追求和抗争，绚丽多姿而短暂的前世心怀悲悯。王妤婷同学的化蝶以唯美的笔触展现了翩翩蝴蝶以生命为代价的升华和蜕变。

雏鹰展翅

当雏鹰尚嗷嗷待哺于巢穴之中，观望蓝天白云之时，它已有了梦想，那就是振翅九霄，与蓝天搏击，与白云共舞；而待雏鹰展翅之时，它便可以不受羁绊，自由地翱翔于天际。

我们所生活的地球，有种类繁多的动物。它们不仅为我们的生存环境带来了生态平衡，还为人类生活增添了许多乐趣。早在百万年前，动物就与原始先民的生活发生着密切的关系。先民逐渐将主观感情投射到动物身上时，萌发了对它们的认同和崇拜，产生了人类历史上最初的意识形态——图腾崇拜。远古留存下来的人类绘画遗迹中就有许多以人与动物为主题的画面。

中国古人对动物的艺术造型情有独钟。用十二生肖动物来纪年，代表信仰，象征身份。动物伴随着人类一同进化，一同成长，成为人类不可缺少的朋友。

阿尔塔岩画　古挪威人的涂鸦艺术　　　　　　　　澳大利亚原始岩画

一、传统图案中的动物造型设计

在图腾信仰阶段，人类还无法将自己与图腾动物分清，人的主体性地位还没有形成。崇拜图腾动物，认为它们与自己的氏族有着血缘的关系，将自己混同于图腾动物，可称得上是人类与动物之间关系的最初表现。

中国古人对生活和生产中见到的种种动物，仔细观察，深刻研究，用特定的线概括其形象的特征，受到大家的认可后，再互相传达思想和感情。这种造型表意手法，一直流传到今天。古人们在改造世界的生产和生活斗争中，把多种多样的形象分出类别，又从类别中找出其特殊性，再从特殊性中发现其中所包含的普遍性，以及变化与统一的美学法则，并应用到艺术创作中。

（一）简化

古代图案设计家们为使形象清晰，用不能再简练的笔画，刻画出事物及其形象的具体或抽象的含义，静和动的形态，展现出人与动物之间的关系。其中选用侧面形表示的有鱼、猪、鹿、马、虎、象、龙、凤，运用了减法，减去了身体的一半。这是中国图案造型上常用的传统艺术手法。而对于牛和羊，人们巧妙地为它们画了一个特征明显的头像，牛角弯

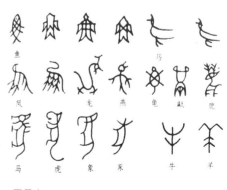

甲骨文

向上，羊角有弯向下的，也有画成曲线的，展示羊的种类不同。

进行动物装饰设计是将自然形象艺术化、装饰化的过程，因此，我们首先对自然形象进行提炼，对烦琐部分进行简化归纳，使动物形象秩序化。

（二）夸张

古人们最善用夸张的艺术手法突出形象特征。夸张鹿的角和擅跑的形象，夸张马的长尾和鬃毛，夸张虎的血盆大口和鼻子。这种艺术手法为我们展示了古人是如何把自然形象化身为图案的艺术形象的，即去粗取精，去伪存真。

双螭笔架（六朝）

中国台北"故宫博物院"大雁玉带饰（元）

在博物馆里我们可以看到动态夸张、神形兼备、巧夺天工的以动物为主题的工艺美术品，从中还可品读到时代背后的设计故事。左上图像这件元代大雁玉带饰如右上图，描述的就是与鲜卑、女真族有关的生活习俗。据辽、金史书记载，每年春季，皇帝均率臣子至河岸以"海东青"（体形小，擅捕雁、鹅等大鸟的鹰）猎雁鹅，即所谓"远泊鸣鼓，鹅惊腾起"的场景。而大雁常窜躲于荷叶、芦苇之中。辽金服饰中常以鹰擒鹅坠的刹那情境为装饰纹样。《金史·舆服志》载，"其从春水之服，多鹘捕鹅杂花卉饰"，故而这类纹饰题材被

中国社会科学院考古研究所
凤形玉佩（商晚期）

故宫博物院玉兽形玦（红山文化）

称为"春水"。还有这件六朝的双螭笔架，造型生动，线条流畅，以两螭撕咬时身尾自然起伏形成架笔处，有很强的观赏性。

龙凤是中华民族肇始的化身，是古人想象中的祥瑞动物。河南安阳殷墟商妇好墓玉凤雕刻精美细致，玉凤亭亭玉立，作侧身回首欲飞状，短翅长尾，翅上用阳线雕翎毛纹，身前有穿通镂孔，更使凤体丰满迷人。右侧玉兽形玦猪鼻龙身，是红山文化中典型的玉器"玉猪龙"。当时人们已经完成了对猪的豢养，这在原始社会中是非常重要的财富。因此将猪的形状被应用到配件的制作中。

（三）寓意添加

在古代建筑、雕塑、服饰上到处可见瑞兽形象，人们把对生活的祝福通过动物形象反映出来。这是中

国传统动物图案创作中典型的"寓意联想添加"手法。

　　"太师少保"纹饰：古有"龙生九子，狮居第五"传说，百兽之王狮子因生性勇猛威武，被人们做成石雕放置在大门口，护佑家宅平安。所以狮子有瑞兽之誉。瓶上喜庆的一大红狮和一小红狮，以"狮""师"同音，以"太师、少师"为高位象征，借音借意表达古人望子成龙、代代高官的吉祥寓意，备受百姓欢迎。

　　描述动物较多的还有剪纸、风筝等民间艺术形式。各类动物形象表达的都是人民群众的美好愿望：祈祷爱情，美满幸福；多子多福，为祖先争光；不愁吃穿，生活富足；祛病去灾，财源滚滚；等等。无论内容或形式如何，这些作品都体现着民间艺人的淳朴的人生观、价值观以及美学观。

"太师少保"瓶　私人所藏

剪纸"喜上眉梢"（江苏南京）

剪纸"和合二仙"（浙江乐清）

剪纸绣样"龙凤图"（贵州台江）

二、现代动物装饰手法及应用

　　生活中的动物千姿百态，那么如何把这些栩栩如生的动物转化成极具装饰特点的动物形态呢？我从鲁迅美术学院田喜庆等教授的动物装饰手法中受到启发，结合学生的认知及表现能力，进行教学实践。在此也分享多幅田教授的优秀作品。

（一）动物装饰造型的单体变化

　　动物造型的单体变化是指某一具体动物的单独变化。它在体现自身形象的完整性的同时，还要适合某一装饰环境与某一装饰物的独立存在。不仅要注意大的动物与形态的变化，有时也要从局部出发，去刻画表现动物的特征。

基本形态确定

1. 基本形态的确定

动物品种繁多、题材广泛，有着各自的明显特征。设计前一定要选择展现出动物最明显的特征、动态优美的造型角度。这非常重要。像这匹马就选择了特征突出、动势舒展，具形式美的造型角度。平行略带弯度的线形展示了马飞扬的鬃毛，与之对比的黑色点、面展现了马的矫健身姿，创作者运用线、面的变化呈现画面的动静对比。

2. 各部分结构表达

动物轮廓特征描绘好后，对动物各部分结构表达的要求是很严格的。不管是抽象还是具象变化，动物的头、颈、胸以及四肢的结构关系都要交代清楚。

各部分结构表达

3. 装饰造型的秩序化

自然界万物都包含一定秩序，春夏秋冬，花开花落等都体现了一定的秩序化。秩序化是将生活中直观所得的事物的发展规律，经过知觉认可，按理性的组织规律在形的结构上形成视觉条理。这种秩序化是比例与平衡的基础，也是反复和韵律的来源。装饰艺术的构成，较其他艺术而言，在秩序上的要求尤为严格，特别是点线面的管理以及形与色的组织，都离不开秩序化的管理，秩序化包含了变化与统一。秩序化还涉及比例、节奏、对称、渐次等诸多法则。造型上的美也是以秩序化为主的，有秩序的重新组合和排列产生新的物质结构，呈现新的造型。

装饰造型的秩序化

4.装饰造型的规整化

规整化是指动物外形的规矩化。自然形态的变化较复杂，一些物象外形比较凌乱、琐碎，这就要求我们在装饰造型中，从整体出发，抓住基本形，把它归纳、概括成既简练又完整的特征，突出物象的艺术形象。在设定外形内进行造型内饰纹条理化装饰，使形象显得整齐而有秩序。

课堂教学指导作品

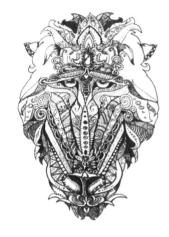

猫的形态确定　黄泽华　　　　　狒狒原形　　　　　　狒狒结构装饰、自然机理拟仿表达　肖炀

工蜂原形

由蜂原形到装饰造型秩序化、规整化表达
周心怡

（二）动物装饰造型的多体变化

多体物象的组合，是根据装饰环境与内容的需要，将两个或两个以上的动物进行装饰组合，形成一个结构合理、构图完美的装饰画。这与单体动物装饰造型还是有区别的，特别是构图上的多重性，整体布局的疏密关系，节奏韵律的表达，以及均衡协调关系等都比单体变化要复杂得多，而且画面的层次感也较强。

多种动物组合，也会产生情节关系。基本以爱为主

动物装饰造型的多体变化

题的情感表达居多。通过动势与神态的协调与呼应，这种亲密和谐的关系被给予充分的表达，从而加深作品动物装饰创作的构思。

（三）动物装饰创意构思与途径

构思是对所要变现的对象在大脑中进行一番由内容到形式以及目的性的总策划，就是将要变化的物象在头脑中，运用装饰造型的形式规律，进行多角度、多层次、多手段、多方面的形象思维，把所要变化的对象，无论在结构、特征、布局、形式还是设色上进行反复酝酿，周密思考，最终在头脑中初步形成一个大概的轮廓与雏形，为成稿完成全部的准备工作。因此，它是装饰动物造型的一个非常重要的环节。

鲁迅美术学院　田喜庆教授作品

1. 构思的三阶段

（1）构思前的准备

好的创意构思的先决条件是在掌握生活的第一手材料的基础上，多看、多分析现有的古今中外的装饰变化的诸多优秀作品的构成形式规律与表现技法。认真分析这些作品的形成风格，认真理解其中的创作思想与动机和它们的审美情趣，有利于我们自己在创作时，集众家之长，进行融合与发挥。

（2）构思时的角度

一是从动物特殊的个性美入手，如前所述，鹿角、象鼻、兔耳、虎口，还有斑马的纹饰，孔雀的尾屏，等等，这些既能帮助区别于其他动物，又能把它独特的美感体现出来。

二是从动物形态、动态、神态入手。这是动物题材与其他题材的最大不同点。把握好这"三态"特征，有利于我们表现动物。

三是动物装饰结构比例关系的改变。动物装饰造型为了强化特征的需要，可以改变形体的结构比例关系，即适当地把动物的头部、颈、胸、四肢、臀部间的结构关系给予表现出来。并根据动物特征进行针对性的拉长双臂、夸大四肢、加大头部等有目的、有意识的加强或减弱处理。这既是服从美感的重要手段，也是强化物象个性的表现方法。

（3）构思中的调整完善

在装饰造型的基本形确立，内部组织初步形成之后，还要深入对内饰纹、内饰形进行穿插以及联系与结合，令局部与局部之间，细节与细节之间，进行密切的谐调配合，令关系更明确。让内饰与外形，内容与形式谐调统一。

2. 动物装饰表现途径

进行动物装饰设计是从自然形态到艺术形态的创造，装饰形象绝不是自然形象的模拟和翻版。要对具象动物进行变象图形表现，可从以下角度着手进行构思：

（1）发挥想象，从特殊美的部分着手

我们在进行动物装饰设计时，一定要重视对动物典型特征的强调与美化。不同动物总有区别于他者的、专属于自己的典型特征。这需要在设计图案前对对象认真观察、分析比较，通过对表现对象典型特征进行提炼、概括、夸张，使原来的特征更典型，更美好。芦花母鸡的身体部分被设计者想象成了牡丹花，层层花瓣替换了母鸡身上的羽毛，随风起伏，活灵活现。

（2）植入元素，从基本形态着手

把自然物象中原来就有的形态经过提炼和整理，根据设计的需要添加进去。添加的纹饰需要与画面形象之间有一定内在联系，让人在视觉上觉得合乎情理。右下图为了显示螃蟹的钢牙铁爪，设计者把钢铁状的齿轮等机械装置填入其中，用金属质感强调螃蟹的特征，相得益彰。

韩国　金真永　　　　　　　　　　　　　　　鲁迅美术学院　秦彬　指导教师：韩晓曼

（3）拟仿肌理，从装饰造型着手

鸟类的漂亮羽毛，蝴蝶的斑斓色彩，斑马的黑白条纹……动物身上有大自然赋予的美丽花纹，这本身就是一幅幅完美的画面，为我们的图案创作提供了绝佳的素材。平时我们也要注意观察这些动物身上的自然纹理并进行归纳与提炼，巧妙运用点线面进行描绘。通过头部去强化表现动物的特征，使动物神态得到充分表现。

特写手段的运用是局部装饰造型的特色，大大加强了装饰造型的视觉效果与审美特性。

鲁迅美术学院　田喜庆教授作品

此外，还可通过剪影、透叠等方式，局部或整体夸张等方法，注重画面黑白对比、线面对比、大小对比、动静对比和色彩对比。

河水与河马形成了线面、动静对比

鲁迅美术学院　宋莉莉　指导教师：韩晓曼

（四）动物装饰创意表达与应用

　　动物装饰造型设计的目的是更好地装饰美化我们的生存空间，它创作的审美功能与实用是分不开的。它的无论二维还是三维的造型设计，都必须与它所依附的生存空间有密切的联系。每个装饰物与它的生存空间都相互关联，注重将每个装饰物与它的生存环境紧密地结合在一起。在艺术创作中，相应的材料必须被赋予相应的形式。不同题材、不同形式、不同材料去表现，这是一个组合的整体，相辅相成，这是互为借用的完美的艺术形式。

鲁迅美术学院　　田喜庆教授作品

三、校考真题与课题拓展

课堂教学指导作品：鹰　黄一

课堂教学指导作品：方晓宇

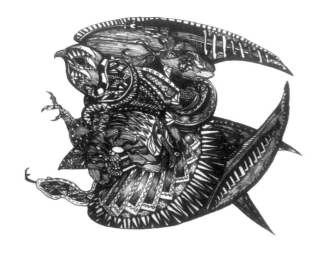

（一）课题练习【鹰】

　　阅读资料：鹰是世界上寿命最长的鸟类，七十岁的一生必经两个成长阶段：雏鹰阶段会被母鹰带至悬崖边，甚至被折断翅膀练习飞翔。有人曾把幼鹰从其母亲身边带走。长大的幼鹰只能飞到屋顶般高便掉下来，两米多长的翅膀成了累赘，失去翱翔蓝天的机会。其实，母鹰这血淋淋的训练过程是雏鹰成长的必经阶段。母鹰残忍折断幼鹰的骨骼是决定幼鹰能否在广袤天空中自由翱翔的关键所在。鹰翅膀骨骼的再生能力很强，只要在翅膀折断后仍不断忍痛飞行，使翅膀不断充血，不久便能痊愈。痊愈后的翅膀似凤凰涅槃，更加强壮有力。

　　鹰在成年时还要经过一次生命的抉择。那是鹰40岁时。爪子开始老化，喙又长又弯，羽毛又浓又厚，飞翔十分吃力。这时，它只有两个选择：一是等死，二是蜕变。它选择了后者。于是，它飞到山顶，在悬崖上筑巢，用喙击打岩石，直到完全脱落，然后静静地等待新喙长出。当新喙长出，它用新喙将脚指甲一片一片拔出；当新指甲长出，它把老羽毛一片片拔掉。在经历了失血、感染、饥饿，甚至死亡的危险的5个月后，老鹰新的羽毛长出，蜕变重生了。它重新开始搏击蓝天，至此，又将度过30年美好时光。（文件资料来源于百度）

　　要求：请充分理解上述材料中的故事含义，以鹰为原形进行黑白装饰画表现。

　　尺寸：8开画纸。

　　时间：3小时及以上。

王忆艺同学在创意构思中，用了植入元素的方法，分选现代工业元素——机械齿轮、传统云纹，在相同翱翔的老鹰的外形内做元素植入的装饰表现。传统云纹表现轻松，齿轮设计环环相扣，设计用心，描绘精心。

课堂教学指导作品：孔雀　庄雨曦

（二）课题练习

主题：同一动物的相同形表现形式多样化

要求：

1.在同一动物的外轮廓下，画2例不同的黑白装饰图形；

2.横构图、竖构图均可；

3.构图大小：2例动物形最后装裱在8开黑卡上；

4.时间：3小时。

考题解析：相同形表现形式多样化，是指在同一种形的基础上，进行多种不同手段的描绘。这样可有目的地限制形的变化，而重点强调描绘技法的多样化。这些造型的基本形虽然没有太大变化，但基于装饰手法有了改变，重新产生了新的视觉秩序与效应，不同的手段给人以不同的形式美感。描绘手段的多样化，强化了形式美感的训练，拓宽了装饰造型的技法表现领域。

当两张相同形动物装饰画并置在同张8开画纸上时，要注意几点：一是排版中，纸面上方留白为"天"，下方留白为"地"，按形式美法则，纸张"地"预留位置要多于"天"。二是裱作品时，所裱图片的中位线应高于底部所裱纸张的中位线。反之，画面会有失重下沉的感觉。

课堂教学指导作品：胡慧怡

课堂教学指导作品：动物的相同形表现形式多样化　《狗》　丁晓吟

课堂教学指导作品：动物的相同形表现形式多样化　《野猪》　徐星航

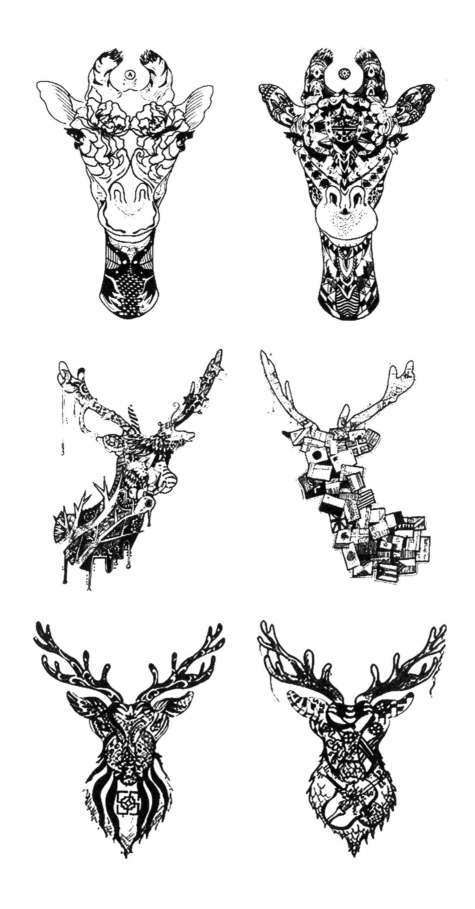

选形上，公鸡、火鸡要比母鸡的外部
形态造型更适于装饰表现。

课堂教学指导作品：公鸡、母鸡和火鸡　朱仪文等

　　"北冥"其实就藏在我们每个人的身体中。若想要像大鹏一般背负青天而莫之夭阏，首先要认识到局限自我的究竟是什么。唯有认识到北冥的有穷，方能积蓄力量实现鲲鱼化鹏，在飞往清扬之地的过程中不断地去澄澈秒氛，最终实现"游无穷"的真逍遥境界。

通过对传统装饰图案的学习，我们阅读了这部几千年来经历水与火的洗礼，金木土的锻造，创造了以往自然界、生活中都没有的"美"的工艺史。这是一部改造自然，适应生活要求和发展的历史。那么多具象或抽象的装饰图案，好像不是在自然界、生活中可以直接看到的影像，却按照人的思想感情诞生了，构成了特殊的装饰性表现形式，慢慢为我们所接纳、赏析，并且影响到我们的生活，渐渐成为今天的审美范式。

一、传统图案的装饰性表现形式

装饰性是传统图案所具有的独特的表现形式。它反映在艺术造型上，有如下几个特点：

（一）传统图案的装饰性特点

1. 反自然性

它不是再现自然，而是按照艺术的规律，改造自然。这种变化，一是意向，二是夸张。它只取形态，不取写实。右图是几何抽象画派先驱、荷兰著名画家蒙德里安（1872—1944）所描绘的树，一幅是树枝错综交织层层叠叠的写生，另一幅是脱离自然的外在形式，将树简

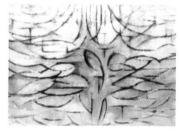

《树》 蒙德里安

化为几何抽象概念。两幅图中可以看到以表现抽象精神为目的，追求自然形中提炼抽象的过程。

2. 平视体

中国古代图案把九宫格、米字格作为"规矩"，包含着客观规律和人的主观创造。平视体是依"九宫格"的水平垂直线来布置景色，一切都做平视。古代石刻、敦煌壁画、战国铜器、漆器上人物纹样都是采用这种方法来表现的，具有强烈的装饰效果，使人一目了然。人物、什物、景色，互不掩盖、重叠，在工艺品上制作方便，也突出了图案的重复、节奏、条理性等美学要求，也可以任意伸展延续。

装饰性的视觉不是焦点集中式样的，而是平面分散的。也可说不是固定视点，而是平行推移视觉。它既没有视平线，也没有地平线的划分，上下左右都是等距离观察。这种表现形式，原是由工艺制作中逐步形成的。它被运用在造型装饰中，逐渐转化为一种装饰风格。

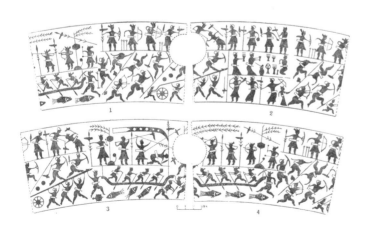

山彪镇水陆攻战纹铜壶中部图

3. 感觉性

艺术创作在教学中非常强调"感觉因素"。直觉常常把客观的东西画成逼真的、浮表的形象。与纯客观再现的直觉相比，感觉是通过思维后的理解。它不依据直觉模拟，而是从感觉中，寻找规律、概念和典型。不是为了形似逼真，而是为了寻找物质结构内在的美。如中国戏曲脸谱的创造，它表现的不是人的生活的直觉形象，而是创作者对人物内在性格的感觉和理解。人物性格通过戏曲脸谱夸张地呈现出另一种性格之美。

关羽 《华容道》　　　曹操 《群英会》

感觉不是纯客观的，通过思维和作者感情，易于从概括中得到整体的印象，易于获得物我交融的情调，易于摆脱自然环境的束约。

青花瓷凤首壶（元）　　　四神纹玉雕铺首（汉）

4. 工艺性

由于特有的工艺制作和材料的条件与性能限制，图案造型、色彩表达都受到制约。像彩陶的坯塑与烧制，色彩的变化，青铜的翻制和造型，纹样的刻画，织物的经纬，都受到客观条件的限制，有严格的规范。而工艺美术家、制作者的智慧在于将这些不利因素转化为艺术处理的风格，将工艺上的制约转化为超脱自然的框架，使创作表现出变色、变形、变调之美，达到一种新意境和情调。

装饰性，在艺术处理上，它是在对立状态中强化一方的结果。如以圆化方，依曲强直，化整为零，化刚为柔，转柔为刚，夸张缩小等，这些转化也就是装饰造型的规律。而图案是一种灵巧多变的艺术，秀美可暗藏力量，稚拙可显示更深意蕴，这是装饰性美的异化作用。

（二）传统图案的装饰性表现

中国传统图案的装饰性，可从三方面来考虑：

一是形象的概括、夸张，突出典型美。

中国图案造型是一种朴素、单纯、富有生趣的图案语言。图案小中见大，一笔水纹可以让人联想到大海。图案抽象中显具体，三个点是星星，三个三角

鱼与鸟 引自《贵州苗族蜡染图案》

形是一座大山，一根曲线是云彩……种种形象，以图形来绘影，不仅给人以美的感受，还寓意深刻。

自然界形象有时不免烦琐、庞杂，创作图案时就不能照搬，需要修正自然形，创造出图案的美。修正的方法有概括和夸张。

概括是抽取自然界形象中的共同特征，总结出共同属性来进行表现的过程。夸张的作用在于强化和提高美的程度。贵州蜡染中单鱼鱼鳃、鱼鳍和鸟翅通过装饰线的反复出现，夸张其形，突出特点。还有中国建筑上的层层斗拱，能使大屋顶与列柱之间增加缓慢空灵的感觉。希腊建筑的列柱，意在加强建筑物的挺拔、庄严之感。柱上的凹沟，引导视觉线，让列柱有向上升腾的感觉。"加强"这种艺术手段可以创造出比自然更优美的图案。

概括和夸张是同一艺术加工过程的两面。夸张加强美的、本质的特征，概括减弱庞杂、烦琐、不美的部分。任何艺术，要成为一种独特的风格，具有鲜明个性，总要排除一些它无法表现的，或虽能表现，但不能超过其他艺术所特有的东西。就像绘画没有声音，音乐远离具象，图案舍弃透视，在舍弃一方，集中强调某一方面的同时，反而突出了装饰性的典型美。

二是构图，强调形式美。

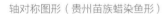

轴对称图形（贵州苗族蜡染鱼形）　　多鱼的轴对称　福田繁雄

1. 对称式构图

对称现象广泛存在于自然之中，造型艺术中应用的对称形式是对自然界对称现象的提炼与总结。对称平衡的造型特点兼具理性与秩序，为大家所喜爱。在传统装饰艺术中应用最为广泛。对称式构图有很多分类，有轴对称图形、中心对称图形等。

轴对称图形：以一条线为界的左右或上下同形同量，用对折的方法可以完全达到吻合，就像镜子里外完全相同的影像。对称形式主要以轴对称最为常见，它是平衡状态的最完整体现。

中心对称图形：在平面内把一个图形绕某一点旋转180度，旋转后的图形能和另一个图形完全重合，那么就说这两个图形成中心对称。这个点叫作对称中心。常见的中心对称图形有矩形、菱形、正方形、平行四边形和圆，以及某些不规则图形等。所有的中心对称图形，都是旋转对称图形。

中心对称图形（贵州苗族蜡染鱼鸟形）　旋转对称（贵州苗族蜡染鸟形）

2. 均衡式构图

均衡是将画面造型诸要素按照视觉心理重力平衡原则进行安排的较为自由的画面构成表现形式。对称是讲究"形"的一致，而均衡则是强调"量"的平衡，这种视觉上的平衡，能使人产生平稳、安定的心理反应和美的视觉感受。对称与均衡各自形成的画面有一个共同特点，就是平衡而稳定。

均衡式构图

三是注意细节特征。

设计中细节之处往往最容易被忽视，而这又恰恰影响到画面的性格特征。红山玉龙的勾曲形外轮廓就处处体现对细节的处理。弯度的差异决定着曲线的美丑。形象愈简单愈要注意细节变化。贵州蜡染作品中即便是儿童围兜，也被处理得很细致。

红山玉龙（新石器时代）　　　　　　　　　　　　儿童围兜案（贵定）

二、现代装饰造型的多元化组合

随着中西文化的交流，古今艺术的融汇，计算机辅助设计的快速发展，多种学科互相影响、渗透、借鉴，形成汇通。这对装饰造型艺术的题材以及形式语汇的拓展起到很大促进作用。艺术所涉及的主题已不仅是纯粹的艺术本体问题。当代艺术与其他学科如何结合的问题，给设计者带来重大机遇与挑战。

装饰造型的多元化组合，它不受客观对象所束缚，它可破坏正常的视觉空间，而去重新创造组织自己的空间，它有时可以把大到宏观世界，小到微观世界的万千景象，任凭自己的想象自由的组合，重新创造一个世界。这就是多元化组合。这种组合方式包括三个方面：

（一）多物象的透叠组合

重叠法

透叠法

五周年纪念设计的运动衫图案
1990年 詹妮弗·C. 巴特利特 米勒公司

动物装饰造型多物象组合 田喜庆

多物象、多层次的透叠组合，比简单的重叠组合更可加强形象的厚度与画面的深度。

像上面的两例果盘，用透叠法表现出来的透明度无法呈现出清晰的空间格局，我们并不确定哪一个平面在前面，哪一个在后面。与使用重叠法清晰呈现空间结构的方式相比，这一方式能够为设计提供更加有趣的视觉图像，还可表现出被重叠法遮盖的部分。

右上图是为五周年纪念专门设计的运动衫图案。运动衫上数字五"FIVE"的每个字母都清晰可辨，但是它们彼此重叠，利用透明度变化成不同的图案和色调。这一设计的成功之处在于选择了一个简单的主题，利用较少的元素创造出十分生动有趣的图案。

在多物象的透叠组合中更容易使用装饰艺术的对比法，如面积对比、曲直对比、动静对比及色彩的区域性对比、穿插呼应关系等。这些形成画面的因素在各自位置上发挥着不同作用，使画面达到更高、更完美的境界。

（二）多时空的组合

这种组合形式，强调形式语言的调动与形式美感的表现。在整个创作中排除概念化、简单化的思维方式，通过视觉活动，对所获得信息做选择和加工，并在观照对象的过程中，充分展开想象。把视象理想化，在某种程度上它是主观情感塑出的产物。造型上有时完全背离了客观物象的原貌。必须是在对现实事物的感受和体验过程中获得灵感，进行艺术创作。

多时空组合方式，借用生活中某些物象的特征，去多视角、多维空间、多物象地移位，重新组合。它可以包罗万象，大到宏观世界，小到微观生物，以及变化万千的自然景观，这些都可以因形式与内容的需要去自由组合。这种灵活的思维方式，为现代装饰语言的表达提供了丰富的素材，形成了多元化组合的表现形式。

多时空组合　插画师：殷尧

设计十六日　美术院校设计类专业校考攻略

三、校考真题与课题拓展

【中央美术学院（2016 年艺术设计专业方向考题）】

1. 设计基础考题

背景材料：

人类第一种可食用的转基因动物。美国食品药品管理局 2015 年 11 月 19 日在其官方网站上宣布，经过严格和详细的科学审查后，决定批准一种名为 AquAdantage 的转基因三文鱼上市。

转基因技术的理论基础来源于进化论衍生来的分子生物学。基因片段的来源可以是提取特定生物体基因组中所需要的目的基因，也可以是人工合成指定序列的 DNA 片段。DNA 片段被转入特定生物中，与其本身的基因组进行重组，再从重组体中进行数代的人工选育，从而获得具有稳定表现特定的遗传性状的个体。该技术可以使重组生物增加人们所期望的新性状，培育出新品种。

"转基因"这个在全球承受无尽争议的词语，成为 2014 年"科学美国人"中文版《环球科学》杂志年度十大科技热词之一。而争议的关键在于人类是否像自己所认为的那样，已经可以代替上帝改造自然。毕竟人类曾经认为地球是宇宙的中心。（文献资料来源于百度百科）

考题内容：

考题一：以"转基因"这一关键词为基础进行概念延伸，提出一个个人观点，比如：物种灭绝、生物链混乱、食品安全等，完成一张创作（可选择平面类、立体类、产品类、服装类等），并用三个关键词对你所完成的设计创作进行表述。

考题二：在你完成"考题一"设计创作方案的基础上进行"再设计"，要求与"考题一"完成的设计创作构图、概念不同，并用三个关键词对你所完成的设计创作进行表述。

考题要求：

1. 绘画材料、绘画种类、表现形式不限，但不能采用剪贴、立体材料等；

2. 自主完成试卷，不得抄袭、临摹他人作品；

3. 违反考题要求的试卷，视为违规试卷处理；

4. 以上考题一、考题二必须在规定的对折四开试卷中完成，不得将四开试卷撕开。

课堂教学指导作品

同学们就鱼的主题进入各大高校进行研读，发现高校的学长们画了那么多精美、有创意的鱼。抓紧头脑风暴，画几条鱼的创意小稿。

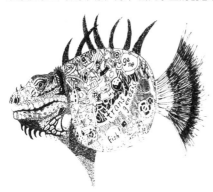

解同学关注了环保问题，就大量不可降解的塑料垃圾导致地球污染和鱼的变异产生思考，让人们对自然环境产生深刻反思，呼吁保护自然。画面中"鱼"的比例有点小，可以适当增大面积。背景地球部分的鱼骨头正负形可以做得再明确一些。

周蕴茹同学的鱼被描绘得很细致认真，特别是右下方鱼身跃出海面的点线面装饰效果凸显。如能将画面左上方描绘太过写实的仙鹤，改以装饰手法表现，减少写实形象再现，效果更佳。

王同学对于转基因鱼的联想，源于实验室对于转基因食品的实验研究。画面描绘写实性太强，近于科普类配图。装饰反自然性特点不够。

转基因食品一直备受争议，从徐同学对转基因鱼直白的表述中可以看到他深深的担忧。

2. 艺术类高校学生习作

鲁迅美术学院

南京艺术学院

清华大学美术学院

张子悦在《转基因鱼》中以迎着阳光飞跃而起的大鱼为主体，贯穿画面的斜对角线构图，鱼身以切片面包替代，其间穿插小麦、DNA、齿轮做元素组合，并辅之以城市、高速公路等现代科技感表现。该作品重点刻画了鱼的头部。然而这条鱼也不单单只是一条鱼，它空洞的眼神仿佛也在质疑：在科技高速发展的今天，转基因对于生物而言真的是好的？

设计十六日　美术院校设计类专业校考攻略 //

朱莹同学笔下的"海浪"象征着滔天而来的一个个挫折和困难，层层"花"代表着美好和希望。作者表达了即使面对重重困难，也要有勇于向上，毫不畏怯的精神。

王子琪同学学习借鉴了中国《山海经》、日本《画图百鬼夜行》中"妖"的形象，完成了一幅另类的鱼首人身的"人鱼"，画中运用到了一些浮世绘的表现手法，配合装饰图案，使画面看起来十分魔幻、富丽。

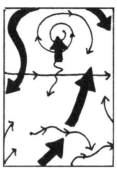

张子悦运用多时空组合表现的方法，将小鱼成长到鲲，最后化为大鹏的这个突破自我、实现成长的过程同时组合在同一幅画面中。"鲲鱼化鹏"成长过程被生动形象、饱满丰富的点线表现出来；而远方通向山脉的道路表现简约，象征着可以抵达顶峰的漫漫的通关之路；周围的巨浪和荆棘代表的是困难和挫折。只有克服挑战，不断前行，才能到达希望的高峰，才能幻化成心中的鹏鸟，翱翔天际，一举万里。

李晨熹同学的《一条原始鱼的消失》，其创意来源于阿拉丁神灯，左下方的灯被替换成了吸纳万物的罗盘，置于不断被吸收的鱼身下，让鱼有一种慢慢蒸发消失，渐渐消逝的感觉。本幅作品画面黑白对比强烈，具有较强的视觉冲击力。

田佳奕同学选用分割构图，提取星座元素，让"双鱼座"和"天马座"两个星座融于画面呈"X"形，做了巧妙结合。围绕"鱼、马"座的小星星是画面的视觉导向。整幅画描绘细腻，黑白灰层次明晰，给人以浪漫清新的感觉。

徐珂凡同学运用了京剧刀马旦的元素，鱼的装饰图案和戏服的装饰图案相映成趣，刻画认真细致。一些中国传统元素的加入也使画面增色不少。

赵蕾同学受"鱼跃龙门"故事启迪，在画面中展现出小鱼向着阳光高高跃起的瞬间。鱼身上做了拟人处理，画面左上方的阳光代表着积极向上的引领方向。如能进一步强化黑白灰层次关系，再增强细节处理，画面可以更加丰富生动。

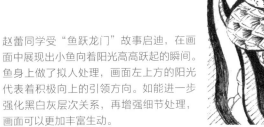

唐瑶绮同学用到了大量的装饰元素，细节把控到位，装饰感强。以跨越整个画面的大尾鱼身为斜对角线构图，令人仿佛置身于梦幻世界，尽情遨游。丰富而不凌乱，华丽而不花哨。

朱欣妍同学的鱼细节刻画到位，利用同构的表现手法将鱼的尾部和海浪漩涡做了一个结合，周边的装饰元素也很好地衬托了画面中主体的部分，画面生动且震撼，视觉冲击力十足。

说文解字

一切文明所孕育的语言文字中,唯独中国汉字有着其他民族文化所没有的独特的艺术魅力。它处处体现着精妙与美感,总是带有不可捉摸的意义,表象之中透露着本质,深刻之中体现着了然。中国的历史需要由中国的传统文化来进行深刻而优美的阐述,而博大精深的中国汉字正是诠释这个东方文明古国的最好表现方式。

文字是一个民族、一个国家历史的痕迹。中国汉字是目前世界上使用人数最多、历史最悠久的文字。汉字如同中国的历史一样，它的演变是耐人寻味的。汉字自诞生以来，直到今天仍然被继续使用着。长期以来，汉字对曾经受中国文化浸润的国家产生了巨大影响。一切文明所孕育的语言文字中，唯独中国汉字有着其他民族文化所没有的独特的艺术魅力。它处处体现着精妙与美感，总是带有不可捉摸的意义，表象之中透露着本质，深刻之中体现着了然。中国的历史需要由中国的传统文化来进行深刻而优美的阐述，而博大精深的中国汉字正是诠释这个东方文明古国的最好表现方式。

一、古文字的程式化演进

汉字是一种表情丰富的文字，在视觉传达设计领域中，它发挥着其他物象不可替代的作用。汉字再创造是新民族图形创造的重要课题之一。本节通过对文字的认识，引导学生从非常态的角度来思考，来发现，巧妙地将汉字"形"与"灵"的力量释放在生活中。最后通过汉字在书籍装帧、动画设计中的实例应用展现，引导学生进行"汉字"的应用设计。

（一）汉字的起源

汉字的起源，曾因仓颉造字、河图洛书的神话传说而披上了一层神秘的面纱。而人类最早的记事方法经历了结绳记事、画线契刻，以及图画记事阶段。随着时间的推移，人类文明不断进步，象形文字也在不断发展丰富、演化和改进，大体经历了象形文字（楔形文字）到树皮文、泥板文、陶器文、甲骨文，到金（铭）文、竹木简文、篆文、隶书、楷书、行书等，不断完善和发展。

1. 文字雏形：六千多年前，半坡遗址和仰韶文化遗址的陶器外壁上，已经出现刻画符号，它们整齐划一并有一定规律性，具备简单文字的特征，代表了我国文字的萌芽。在距今四五千年的大汶口文化遗址晚期和良渚文化遗址的陶器上，人们发现了更整齐规则的图形刻画，即早期的图形文字。

2. 甲骨文：四千多年前殷商时期，殷人在龟甲、兽骨上刻下的记录商王与神灵对话的文字。因被契刻在龟甲兽骨上，故名甲骨文。甲骨文是我们迄今已知最早的汉字，它

彩陶

鹿头、龟甲刻辞（商）　　　　　商周

的字形往往大小不一，无严格约束，同一个字可以有多种写法，增一笔、减一笔无关紧要。每一个字的偏旁部首，在位置上都可以挪动，甚至同一个字可以正写、反写或倒写，如"福"字的偏旁"礻"左右都可以放。有时同一个字有几十种写法。殷墟甲骨文是中国汉字的鼻祖，是目前已知的中国最早的成熟的文字，具备了"象形、会意、形声、指事、转注、假借"的造字方法。

司母戊鼎

从书法角度欣赏，甲骨文已具备了章法、结体、用笔等主要构成因素。其笔法已有粗细、轻重的变化，具有一定的节奏感，为中国书法艺术奠定了坚实的基础、基调和韵律。

3. 金文：金文是商、西周、春秋、战国时期铜器上铭文字体的总称，兴盛于周代。金文因依附于青铜器、铸鼎的祭祀礼器，所以也被称为"钟鼎文"。司母戊鼎是商周时期青铜文化的代表作。金文的经典名作《毛公鼎》，是现存金文中较长的一篇，为金文作品中的佼佼者。

4. 石鼓文：春秋战国时代刻在石簋、石鼓上的文字。石鼓文，笔画雄强而凝重，结体略呈方形，风格典丽峻奇。

石鼓文

上述的甲骨文、金文、石鼓文统称为"大篆"。公元前221 年秦始皇统一中国，废除六国异体，派丞相李斯整理，简化统一字体。该字体被后人称为"小篆"，字体略长而整齐，笔画圆匀秀美。习惯上我们将"大篆"和"小篆"统称为"篆书"。后相传程邈在监狱中将小篆整理成一种新字体——隶书。隶书在汉代得到了很大发展，变无规则的线条为有规则的笔画，奠定了现代汉字字形结构的基础。之后钟繇创楷书，楷书笔画平直，书写简便。直至今天，楷书仍是汉字的标准字体。古人还创造出了两种可以快速书写的字体：草书和行书。

中国汉字经过了 6000 多年的演变，大致经历了以下阶段：

楷书

汉字字体演变　甲骨文 → 金文 → 小篆 → 隶书 → 草书

（殷）　（商周）（秦）（汉）　行书

（汉朝后期）

以上的"甲金篆隶草楷行"七种字体称为"汉字七体"。"七体"的演变符合文字由繁到简，由不规范到规范的发展规律。

（二）古文字的程式化特征

古文字的程式化方法在造型上是突破自然形态的局限，追求形式的意匠性和装饰性美感。程式化的方法还造就了造型方法和构图方式上的规范性，使形态产生如诗歌韵律般的美感意境。在中国民间美术中，各种形象对应的特定组合，在不同民俗场合下表达出不同的含义，都有一定的程式化法则。这是在漫长的历史积淀中，形成的具有共性的世界观和人生观的外观显化。中国的汉字艺术正是以其自身的特点，在艺林中独树一帜。人们在涉猎中国传统书法艺术时，总会感觉到中国的传统书法是一种独特的艺术语言。她像蕴藏着丰富的宝藏一样，能把人们带进一个神秘而和谐的精神世界。汉字是一种表情丰富的文字，在视觉传达设计领域中，发挥着其他物象不可替代的作用。

二、古文字对现代设计的启示

中国古文字虽经几千年的变化，但是每一次变异都是在前人的基础上完成的，每一次变化都保留了前人的基本框架结构。与此同时，又在此基础上充分地发挥了创造者的想象，使汉字得到充分的演绎。起初古文字设计局限于笔画和局部结构的变化，现代汉字创意抓住古文字表象性的特征，突破框架性模式，向更高的艺术境界发展。然而古文字的创造潜力还远远不止这些。在现代设计的基础造型领域，在视觉传达设计领域，在其他造物设计中，汉字都将发挥着其他物象不可替代的作用。汉字再创造是新民族图形设计的重要课题之一。我们在设计课程中先将古文字的演进进行详细表述，然后通过基础设计和应用设计两个环节循序渐进，进行设计教学。

（一）说说文字

世界上的文字是多种多样的，但总的来说可以分为表意和标音两大文字体系。而汉字隶属于表意文字，即每个字只表示一个音节，不能明确表示读音，但一个字的本身就能表示一个意思。如"旦"字的上部是"日"，下部是地面（或水面），从地面上升起太阳，是表示早晨的意思。汉字属于表意体系的文字，字形和字义有着密切的关系。对汉字的形体结构做出正确的分析，对于我们了解和掌握汉字的本义有着很大帮助。

东汉许慎关于汉字的构造提出了"六书"说：一曰指事。二曰象形。三曰形声。四曰会意。五曰转注。六曰假借。

"鸟"字在甲骨文①中就像一只鸟，鸟头朝左而侧立，还有尾和一双爪子。可见"鸟"字是个象形字。金文②中鸟点缀得更漂亮，头部加上"冠羽"，翅膀和尾巴上的点儿表示彩色的羽毛闪闪发亮。小篆③则仍像鸟的样子，头朝上，翼尾朝右。楷书④是"鸟"的繁体字。⑤是简化字，把四个点儿变成一横。

双凤衔瑞草纹　汉代石板彩绘

①　　②　　③　　④　　⑤

"皎月临窗"的窗本为象形字，①是《说文解字》中国古文的形体，像窗户的形状。②是小篆的形体，也像窗户的形状，中间有木格窗棂。③也是小篆的形体，上从"穴"，下从"悤"，变得相当复杂。④为《汗简》中的写法，省去了下部的"心"。⑤是楷书形体。可见"囱"原为窗的本字。

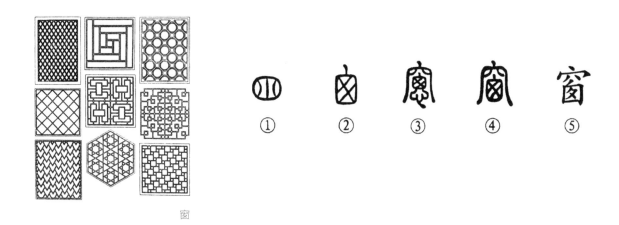

窗

上古人"穴居野处"。这就是洞穴的"穴"字，是个象形字。这个字在甲骨文中尚未被发现。①是金文的部首，其形颇像土室或岩洞。②是小篆的形体。③是楷体的形体。"穴"是个部首字，凡由"穴"所组成的字大都与房室或窟窿有关，如"窖""窗""窦"等字。

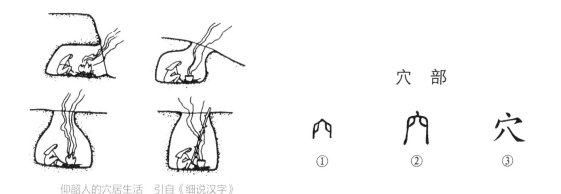

仰韶人的穴居生活　引自《细说汉字》

（二）解解文字

1. 字均衡

物理学中的平衡原理，在字体平衡法则中同样适用。以上下结构的宋体"李"字进行分析，可以看出，"李"字的上部件"木"的水平中心线是B，如果要让整个字体的水平重心保持不变，B跟方格的水平中心线的距离越近，A跟方格的水平中心线的距离就要越远。

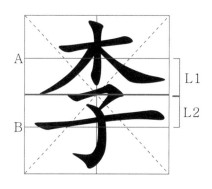

2. 看重心

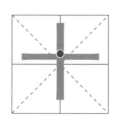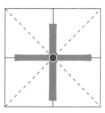

单体字的重心

字体设计时，笔画、笔形的变化往往会使字体的重心发生变化，要及时调整整个字的重心，才能使字平稳。像左侧上下等比的"十"字，"十"（右图）字重心放在等分的中位线上，视觉上觉得重心往下掉。所以设计字体时，会把字体的重心上提，让字体重心比实际重心位置略高（左图）。

合体字的重心

在进行多个字体设计的时候，我们要将字体的重心调整在同一水平线上，这样字在视觉上才更加匀称、稳定，连贯性也更强。将重心根据字的特点适当做上下移动，使字体个性化，这是最常用的设计方式之一。无论是单体字，还是合体字，只有重心稳，才能带来更舒适的阅读体验。

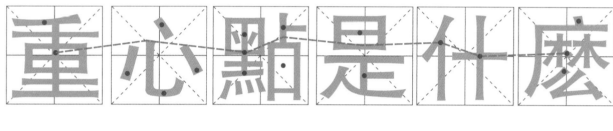

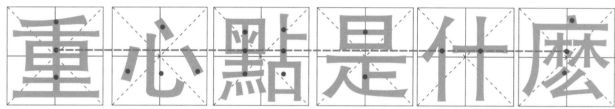

3. 字大小

在等高、等宽的情况下，视觉上方形会显得更大，三角形和圆形偏小。字体由于笔画数量的不同，构成了不规则的字面形状，使我们产生了字体大小的视觉误差。为了让字形看上去更舒适和均衡，就需要调整笔画和平衡字面的关系。

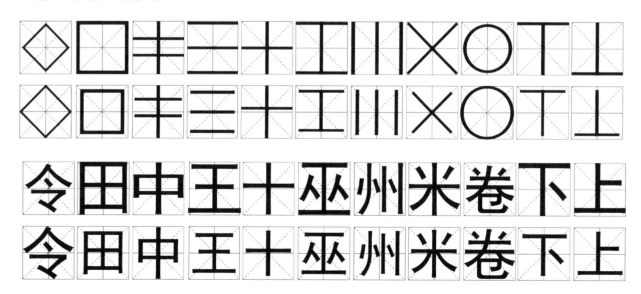

4.选字体

在了解字体的结构和重心之后，就要开始设计字体了。字体是象形文字演变而来的，具有表象功能。字体笔画的粗细、曲直、疏密等特征不同，传达出来的视觉美感也不同。在设计字体时，我们可以选择一款原形字体进行变形和变化调整。笔画粗的字体浑厚、有力、压迫感强，起强调作用。字体的大小、高矮，笔画的粗细、曲直和笔形都会影响字体的气质和风格。在针对不同的主题设计时，要选择合适且有针对性的字体，使字体和画面、产品达到高度融合统一，气质形神一致。

（三）现代字体设计应用作品赏析

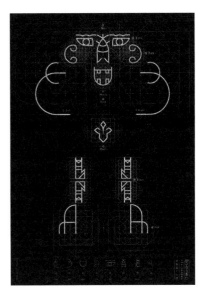

清华大学美术学院博士生导师陈楠"甲骨文"系列作品

Hotel Fox 酒店设计

《源于甲骨文的再生符号系统》 中央美术学院 张蕾

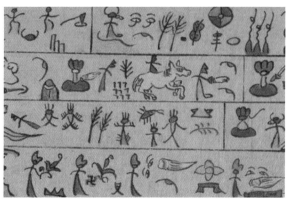

中央美术学院、清华大学等高校师生都有选用古文字为主题的系列设计作品。丹麦 Hotel Fox 酒店、日本酒店有以文字为主题的居室环境设计。这些是用现代设计手法在多维空间中进行的应用表达。

至今仍有生命力的古文字还有云南纳西族东巴文。日本技术评论社就以"爱与友情的东巴文"为主题设计了一系列图形符号。

三、校考真题与课题拓展

（一）课题练习

　　内容：将文字元素延生到环境设计中，以教室等环境为例在速写本上进行草图设计。

　　要求：1.关注教室中所有设施的形态，考虑如何与文字巧妙结合，给它一个新视觉效果。

　　　　　2.同时可考虑改变作品变化的载体。

　　设计要点：改变载体　巧妙结合　新视觉效果

教学示范：

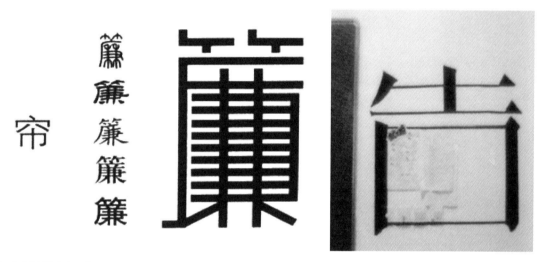

江南大学 学生应用作品

　　课题分析：文字的基础设计中，我们改变以纸张为载体的设计惯例，鼓励学生改变作业载体，尝试将文字元素延伸到环境设计中，关注教室等环境中所有设施的形态，考虑如何与文字巧妙地结合，呈现"新视觉效果"。为启迪学生思路，以"帘"字为例，依据古文字中篆书的"簾"字写法，从外形入手考虑，强化帘子卷的效果，设计成"簾"。学生在设计中广开思路，在教室布告栏里将"告"字的上半部分压扁，夸大拉伸其下部"口"，以便于张贴各类公告；或借用黑板上半部分实体轮廓，将"黑"字下半部分拉宽拉长组合在黑板下方；或将字体打散重构在教室的窗玻璃上、墙面上等等，以追求装饰般的新视觉效果。

　　有学生在设计中为提倡上下楼靠右侧走，巧妙利用台阶的侧面和平面互相垂直的特点，将"上"和"下"两个字分别拉长组合在上楼的多阶台阶和下楼的多阶台阶上，以达到美观和实用的效果。

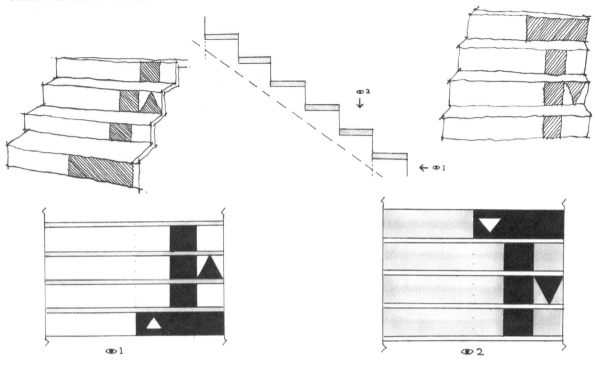

（二）课题练习

1.内容：图文组合设计。

要求：将文字和已学的传统纹饰相结合，在边长 10cm 的正方体纸盒上进行 6 个面的图文组合设计。

尺寸：10cm×10cm×6 幅。

时间：4 小时。

课题分析：将古文字与传统纹饰相结合的图文组合练习，旨在从中国文字用途的局部分离中思考和理解文字在文明传承中所具有的社会功能，如文字的记录、传达的社会功能和书法艺术的审美功能。练习可从整体的版面来进行变化，也可考虑改变作业的载体。正方体组合练习，一改以往 6 个单面练习的枯燥，在后期展陈设计中还增加了些许趣味性。

今后可在此系列的基础设计上进行提升，应用到正稿设计及实际环境中去。

课堂教学指导作品：单面纸盒图文设计

2.应用设计：纸盒装置设计。

时间：30分钟。

课题分析：通过动手摆置纸盒，进一步思考和探讨中华文字的内涵、表现特征与形式，努力在现代图形中融入民族的神韵和精神，通过中国文字艺术的学习，让同学了解并热爱我们祖国悠久的历史和深厚的文化，并且使学生学会抓住文字表象性的特征，突破框架性模式，向更高的艺术设计境界发展。

汉字造型设计的意义在于将"读的符号"转变为"看的形体",将文字的文学语言转换成视觉图形语言,从文字的表意传达转换为视觉图形的表象传达。图形相对于单纯的文字,它所传递信息的效果更直接,更具有强烈的印象,明确的可视性和可理解性,并最大程度地发挥传递信息的作用。

汉字由于其图形和文化的双重承载身份，在实践设计活动中一直占据极其重要的地位。通过形式语言塑造，它以独具魅力的艺术姿态展现于各类视觉作品中，从而传情达意，提升整体凝聚力。文字设计就是利用其传播功能与审美功能，来增加文字的诉求力度。

一、文字设计中的意象表现

文字的发展与创造始终与社会的发展紧密地联系在一起。文字具有字面内容和精神内容两种内涵。如果说传统文字的表达以叙述为主，那么现代文字的形式则具有强大的表现性。现代设计中，文字已不仅仅被用来传递信息，而是更多地追求个性化、风格化的形式语言。

《说文解字》中把"意象"称为"意思的形象"。文字设计中的意象表现是指文字经过创作者独有的思维活动而创造出来的艺术形象。文字设计有很多种方法，本节就常用表现方式呈现。

（一）笔画共用

"笔画共用"是相邻的字符共用笔画或笔画中的一部分。这种设计方式会有良好的整体效果，在文字设计中得到广泛运用。

中国传统图案"唯吾知足""招财进宝"等的设计共用"贝"和"口"字。

汉字是一种视觉图形，它的

钱币图案"唯吾知足"　　　　"黄金万两""招财进宝"

线条有着强烈的构成性。我们可以从单纯的构成角度来看笔画之间的异同，寻找笔画之间的内在联系，找到它们可以共同利用的条件，把它提取出来合二为一。

现代设计中的"笔画共用"案例

洪卫书法"福禄寿"以平安为福，衣食为禄，生命为寿　　　"宽窄巷""兰亭"标志

"笔画共用"字体设计过程

教学示范　四川艺术职业学院　张可

（二）创意书写

　　书写与创意表达类汉字需要设计者对字的笔画特征、字形结构有良好的理解和书写能力。此类字体设计同时具备文字图形处理和创意设计的特点，要求设计者有对汉字内涵、形象及意象的广义理解和创新表现能力。

　　创意书写范例：上图"微笑"是在宋体结构基础上创意的字体。根据此风格设计"学习"两字，字体结构合理，设计新颖，书写规范。步骤：

　　第一步，书写宋体"学习"。

　　第二步，观察"微笑"两字横向比例结构。按两字宽度画上辅助设计线，可以看出两字互相穿插组合和各自所占比例大小。顺延设计线，将宋体"学习"两字按此横向比例布局、穿插。

　　第三步，分析"微笑"笔画特征，纵向偏旁用笔粗，往左向收笔时微微呈弧线形上翘。横向偏旁细，与原宋体无太大出入。

　　第四步，在原"宋体"基础上开始依序勾画，并表现出相应字体特征。

　　第五步，字体微调，勾线上色。

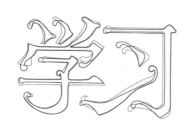

（三）寓意表达

　　"寓意表达"是指通过一定的图形处理，对字的创意进行诠释，让其具备寓意性。旨在考核设计者对汉字内涵语意的广义理解和创新表现能力，要求设计者具备良好的理解能力、想象力和表意能力，并有一定的创造性和图形表现能力。

　　寓意文字表达常见表现形式如右图，即根据所给汉字内在含义对某一、二笔画进行加工，保持汉字的基本特征，使之明了、生动，寓意深刻。

教学示范

（四）图文同构

随着社会及时代的发展，文字的功能渐渐发生了变化。起初人类创造文字的目的是突破面对面交流的局限。信息交流与知识传播是文字早期的首要任务，文字的存在更多的是为了阅读。在当时，或许文字深层面意义也就在于，它恰当而真实地表达了设计者和使用者最朴实的内心和情感。

今天，以汉字、英文或其他数字为元素进行图形创意，已成为很多设计院校的一门课程。与简洁概括的抽象符号，如英文、阿拉伯数字不同，汉字则融具象于抽象之中，内涵丰富，有很强的表意性。汉字图形，可以单纯就字体的笔画结构进行变异创造，主要训练形式表现技巧，也可根据所设定的内容和主题进行整体性创造。

江南大学的学生这组图形将云纹与汉字、阿拉伯数字的部分笔画、框架进行同构，探求不同元素的融合与变异。字体以天干地支的部分笔画为基形，云纹作为有机部分穿插其间，整个图形虚实相生、曲直对称，构思新颖，富有遐想。其图形具象与抽象同构，字形与景观融合，超脱了文字单纯的框架形式向空间多维发展，营造了一种浓郁的故里意境，令人回味。

汉字造型设计的意义在于将"读的符号"转变为"看的形体"，将文字的文学语言转换成视觉图形语言，从文字的表意传达转换为视觉图形的表象传达。图形相对于单纯的文字，它所传递信息的效果更直接，更具有强烈的印象、明确的可视性和可理解性，并最大程度地发挥传递信息的作用。

江南大学　顾媛媛　　　　　　　　江南大学　刘欢　指导教师：寻胜兰

江南大学　盛岚　指导教师：寻胜兰

随着国际交流的日益频繁，文字图形创造成为中外艺术家十分推崇的创造活动。不同文字在造型上的异形同构、字图同构，在艺术风格上中西合璧，其经典创想丰富多彩。盛岚的这组作品在英文字体中注入汉代漆器的装饰风格，并让挺拔的直线与悠扬的风纹曲线形成对比，红、黑、金色搭配组合，意韵深长。

数字的图像化源于传统纹样的启示。无论对象是整体或局部，都在抽象活动中进行有序目的线面结合，形成反映符合逻辑的心理符号。从非自然的食物中获取人服从自然的感受，维持造型与主观意识象征关系的统一。在数字艺术化之外，保留一种形式规则的可延续性。

二、文字设计中的发散思维训练

文字设计也是现代图形设计的一部分，其过程是组织图形语言的过程，更侧重于对设计者创造性思维的培养。其中，发散思维是创造性思维的最主要的特点，是测定创造力的主要标志之一。发散思维又称扩散思维、求异思维，是指大脑在思维时呈现的一种扩散状态的思维模式，它表现为思维视野广阔，思维呈现出多维发散状，如"一题多解""一事多写""一物多用"等方式。

（一）由文字到文字的联想

"月亮"作为一种意象，是中西方许多艺术家青睐的对象，因为它本身所具有的朦胧感和阴晴圆缺的变化被赋予了不同的意象表达。

这个"从月亮到月亮的联想"文字练习。首先由文字"月亮"进行直接的文字联想。看到月亮，人们马上可以想起嫦娥、玉兔、狼人、月饼、小船……。发散性思维图上所呈现的都是月亮的直接联想。

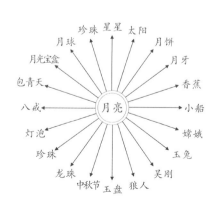

由直接联想"月饼"再想到"大饼",再想到"武大郎"。"武大郎"就属于对"月亮"的间接联想。

与月亮
— 直接联想 — 间接联想 — 不关联事物 — 间接联想 — 直接联想 —

1   2   3   4   5   6   7

"月亮到月亮"的联想基本可做 7 步,其中 2 与 6 是直接联想,3 和 5 是间接联想,4 和 1、7 没有直接关系,3、6 可以不断生成。生成参考案例如下:

月亮— C — English — 0 分—拳头—肿胀包—蛋黄—蛋黄月饼—月亮

月亮—包青天—虎头铡—人头—孤魂野鬼—阴曹地府—弼马温—八戒—月亮

其中最中间部分"肿胀包""孤魂野鬼"是与"月亮"不直接关联的事物。

(二) 由文字到图形的联想

组合字体联想,需注意画面的组合构图。

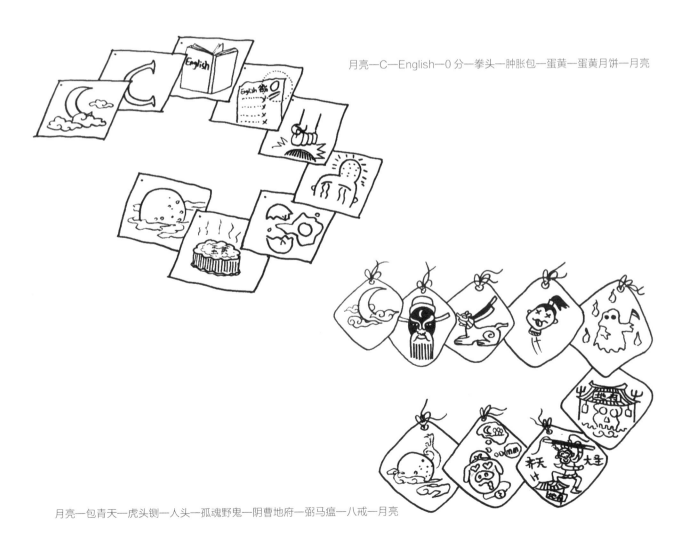

月亮—C—English—0 分—拳头—肿胀包—蛋黄—蛋黄月饼—月亮

月亮—包青天—虎头铡—人头—孤魂野鬼—阴曹地府—弼马瘟—八戒—月亮

三、校考真题与课题拓展

（一）考题链接【江南大学】

　　1. 内容：附图是根据"鸡"字进行形象及意向创作而成的剪纸图形，既有字的形态，又有字的意向特征。请用类似形式对汉字"鱼"进行两种变化设计。（图形表现方法不限，黑白二色）

　　要求：（1）保持"鱼"的基本特征不变；

　　　　　（2）表现具有美感，简洁明了。

　　时间：20分钟。

课堂教学指导作品：须霞萍、吴梦蝶、沈滋贤、毛海燕、沈雅纯、王佳、叶晓英

2.分析下图的笔画特征，并根据此特征书写"迎春"二字。

要求：（1）书写特征与图例风格吻合。

（2）保持文字的阅读性，结构优美。

（3）黑白表现。

（4）横构图，字体组合不少于6cm×3cm。

时间：15分钟。

课堂教学指导作品：费雅萍、唐悦、袁莉

课堂练习作品基本能掌握题意要求，把握例字的字体特征，识别清晰。

3. 图例为英文字母"N""H""K"的相似图形的联想。

请参照图例，另外设计三个英文字母的相似性联想图形。

（50分）

要求：（1）每个字母画一个图形，表现形式不限。

（2）新颖独特，字母形态可以认读。

（3）不能与提示图形相同。

时间：30分钟。

课堂教学指导作品：毛姚琪、胡玉洁等

课堂练习作品能基本掌握题意要求，在追求字母联想形的表现时，可注意拟人化画面不能影响字的辨识。

（二）课题练习【意象文字设计】

请选一例你喜欢的影片片名，进行图文同构表达。

要求：1.意象性表述能充分体现该影片特色。

2.黑白表现。

时间：1小时。

意象化文字设计创作一般通过内在含义和外在形象的融合来直观地表达意蕴。任何字体要表现事物都必须紧扣事物的意识内涵。字体设计作为一种符号化的视觉传达系统，则应以浓烈的艺术感染力表达出这一特点。

课堂教学指导作品：张了悦、李叶

练习作品在把握字体特征基础上，在每个汉字中加入与影片主角相关的元素，识别清晰，对影片的生动情节做了很好的诠释，创意巧妙生动，掌握题意要求，疏密得当。

（三）课题练习

    内容：头文字 D 的概念表达。

    要求：以 D 为基本形进行概念表达，能够准确表达不同的概念。如 Dog、Design、Dead、Dangerous、Dance、Discuss、Drink、Download 等。要求概念表达的准确性。

    尺寸：8 开。

    数量：4 ~ 6 个图形。

课堂教学指导作品：朱笑、刘静

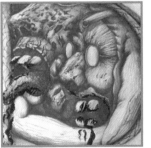

DEAD   DREAM

（四）课题练习【世说新语】

　　要求：用现代人的生活概念图说中国古代成语，并尝试不同形式的表现（表征图形、漫画、连环画均可），进行成语的概念表达。

　　时间：2小时。

课堂教学指导作品：赵菲等

设计创意

现代图形的创意与表达

图形设计侧重于创造意识的培养，反对复制模仿。它那富于哲理的高度概括、创意的构思方式和幽默诙谐的表现手法，都体现了启人心灵的智慧美感。图形设计通过独特的形式语言，吸引人的视点，激发人的联想、思考。它突破语言、文字、时空的限制，超越国界，是人类沟通与交流通用的视觉符号，对社会发展、信息交流、观念沟通都具有更为广阔的意义。

图形作为一种设计语言被广泛应用于各个艺术设计领域，无论是平面设计，还是展示设计、建筑设计，都以图形设计为基础，是图形设计的解构。因为图形设计反对复制模仿，它更侧重于人创造意识的培养。它那富于哲理的高度概括、创意的构思方式和幽默诙谐的表现手法，都体现了启人心灵的智慧美感。正因为图形的创造性和共通性，本章的设计创意部分紧紧围绕图形创意展开教学。

一、图形的基本概念

图形是设计师通过独特的形式语言设计，吸引人的视点，激发人的联想、思考，并用以完成传播一定量讯息的视觉载体。它突破语言、文字、时空的限制，超越国界，是人类沟通与交流通用的视觉符号，对整个社会的发展、信息交流、观念沟通都具有更为广阔的意义。

（一）图形的起源与发展

图形创意的起源

从史前拉斯科洞窟的岩画到古埃及象形文字的出现，人类社会就依靠绘、刻等方式以及利用肢体和物体进行沟通。先民们在山洞岩石上刻画出的图像，也是原始的图形。它们不仅是记事和传递信息的符号，还是崇拜物的象征，更是图形创意的起源。当人们的交流方式随着科技的进步而变化，图形创意经历了三次重大发展。

第一次重大发展起源于原始图形向文字的转化。随着人类社会的发展，人与人之间的交流日益频繁，原始图形已经不能适应这种需要，于是就有了将原始图形简化而产生的一种新的符号——象形文字。文字的产生，标志着人类文明向新的发展阶段迈进了一步，同时它又反过来推动人类社会向新文明领域的发展。把文字从图形的系列中分离出来，并形成独特的系统，从而使人类找到另一种能够比较准确而简便地传播信息的视觉传达方式。

第二次重大发展起源于造纸与印刷术的发明；人们进入阅读的时代，这是人类文明发展的重要阶段。从文字的运用开始，人类在两千多年里以语言和文字为主体方式进行交流。造纸术与印刷术的出现，促进了我国唐宋文化领域的空前繁荣。书法、绘画艺术的成熟，剪纸、木刻、版画等民间艺术品的广泛流传是我国古代图形的发展成果。造纸术与印刷术传入欧洲以后，促进了文艺复兴时期的发展；艺术性与科学性的结合是文艺复兴时期图形设计的重要特色。

我国最早的图文经典《山海经》是一部先有图，后有文的奇书，开启了我国古代以图叙事的文化传统。

第三次重大发展起源于产业革命。从影像技术的出现到数

发明家约瑟夫·尼塞福尔·尼埃普斯(Joseph Nicéphore Nièpce)1826 年在法国拍下世界上第一张照片《在 Le Gras 窗外的景色》。

字技术的发展，人类迈进了信息社会时期，进入了一个图像加关键词的阅读新时代。照相机、电影的出现，为图形设计创造了新的条件，开拓了新的天地。1919年德国包豪斯设计学院的建立，提出了"艺术与技术统一"的口号，对现代设计事业产生了深远影响。随着生产力和商品经济的迅猛发展，社会信息量大幅度增加，作为视觉传播手段的现代图形创意也就应运而生并蓬勃发展起来。

（二）国内外图形设计教学

1. 国内的图形设计教学

（1）秉承西方包豪斯设计理念的新概念图形

同济大学林家阳教授、上海视觉艺术学院叶苹教授和中国美术学院的教师们，他们秉承了德国包豪斯的设计理念，非常重视图形教学的创意思维过程，图形的概念表达、思维创新和材质运用。

（2）汲取中国传统文化精髓的新民族图形

以中国美术学院杭间博士、汕头大学长江艺术与设计学院靳埭强先生、江南大学设计学院寻胜兰教授为代表的学者们，联合海峡两岸暨香港的专家对设计学院的学生们进行新民族图形的教学。他们通过对有着7000年历史的中国传统图形文化的研究，从中汲取精粹，使中国本土民族性的设计得以继承和新生。

2. 国外的图形设计

（1）日本的图形设计

日本图形设计师们非常珍视本民族的传统文化，又擅于学习外来先进文明，精细简洁的个性风格在世界设计中成为实力强大的军团。图形设计大师福田繁雄就深谙日本传统，又掌握现代感知心理学。作品紧扣主题，具有嬉戏般的幽默感，反映出他主观想象力的飞跃以及他营造作品的匠心。

（2）欧美的图形设计

19世纪的欧美，视觉设计在销售商品、促进生产、普及教育和科学技术方面发挥了作用。超现实主义、错视觉主义、波普艺术以其强烈的视觉冲击取代了传统绘画的典雅唯美，为人们所接受。马格利特、埃舍尔、毕加索、达利等20世纪的艺术家的出现为西方现代图形设计的繁荣奠定了基石。现代图形设计大师——德国的冈特·兰堡将现代图形设计推向高潮。作品感人至深，形式多样，但又完全不是对任何一种传统或思潮的因袭。

3. 高中"图形设计"与其他相关课程的关系

图形设计创意课程作为高中美术生的必修课程，要求学生具备一定的绘画能力，作为重要基础进行训练。

（1）与绘画基础的关系 —— 解决绘画的表现力和想象力；

（2）与色彩的关系 —— 进行色彩语言表现和色彩心理分析；

（3）与构成基础的关系 —— 学习形态学、美学研究和表现方法；

（4）与插图语言的关系 —— 采用准确的图形语言表现故事情节。

二、从现代艺术发展中寻绎图形语言的流变

　　1900 年以来，欧洲的艺术朝向两个方面发展：一条是强调艺术的个人表现，强调心理的真实写照，强调表达人类的整体意识，受弗洛伊德的实验心理学影响。从表现主义到超现实主义，一直到二战后在美国发展起来的抽象表现主义即是如此。另一种力图在形式上加以表现"新时代的、真实的艺术"，如立体主义、构成主义、荷兰的"风格派"，直到美国发展起来的大色域艺术、减少主义、光效应艺术等等。另外有些艺术追求二者得兼，如达达主义、未来主义等。这些思想构成了现代艺术（包括设计）的基础。——王受之。

　　无论是强调意识还是强调形式，分化的这两种设计都为图形设计的发展打下了良好的基础。因为图形设计的最核心的两个内容就是表现语言和思想内涵，所以这些现代艺术流派尽管带有时代特征。但作为实用设计的图形设计来说，这些流派的风格形式为其注入了极其重要的养分。其他的艺术流派，如表现主义、至上主义、极少主义、解构主义、概念艺术等等也都推动了设计的发展。

　　当代图形设计呈现出多种多样的设计风格。现代艺术中的许多流派都对图形设计产生了一定的影响，许多设计师把现代艺术中的许多手法在图形设计中加以应用，极大地丰富了图形语言和视觉传播方式，在意识形态或形式上为图形注入了活力。它们有的重形式，有的重观念，有的二者得兼，使图形表达呈现出了极其强烈的风格。

（一）创意思维的启发

1. 超现实主义

　　在众多的艺术流派里，超现实主义（Surrealism）对图形设计语言影响最大。超现实主义的理论根据是受到弗洛伊德的精神分析影响的，致力于发现人类的潜意识心理。因此主张放弃逻辑、有序的经验记忆为基础的现实形象，而呈现人的深层心理中的形象世界，尝试将现实观念与本能、潜意识和梦的经验相融合。

《空白签名》
《红模型》 马格利特

这种方法使无数艺术家让设计从传统守旧、封闭的思维脱离出来，走向了一个异想天开的视觉天地。超现实主义艺术家主要有马格利特、达利、卢梭、恩斯特、米罗等人。尤其是代表人物马格利特、达利的艺术表现手法，引领着20世纪一代又一代的设计大师。

勒内·马格利特（Rene Magritte，1898—1967），比利时画家，超现实主义运动的主要成员之一。马格利特的绘画风格基本保持了被称为精密、神秘的现实主义，或魔幻现实主义的超现实主义风格。作品真实地表现日常场景，不做变形歪曲，但事件与细节的意外组合，产生奇特、怪诞的神秘意味，如同睡眠中醒来一瞬间，在不清醒状态下所产生的错幻视觉，具有超凡的想象力，形成了超现实主义绘画中独具一格的画风。马格利特的创作对西方现代绘画，特别是对达利及年青一代的波普艺术家有较大的影响。

按照通常观念，人们总觉得现实生活是值得反映的，梦境与幻想则是不值得正视的。但超现实主义的作品如互相矛盾的事物的并置，有象征意义的形象的运用，等等。《红模型》是马格利特以这种理念创作的最为著名的一幅作品。这双系带的靴子，前半部分是一双真实清晰的脚。画面中呈现出的矛盾破坏了我们对所熟悉事物的正常感知和理解。画面所希望达到的主要是一种震惊或震撼的效果，且希望这种效果能够超出纯粹的"精神的躁动不安"。

而马格利特的作品《空白签名》中所展示的时间和空间的概念似乎是不确定的。这种不确定性可以表现为人的潜意识。马格利特所做的是将这种潜意识视觉化。这幅画以物体之间交错时画面的截断为主要表现内容。一个姿态优雅，穿着传统装束的女骑士穿梭在树林中，树木和间隙的遮挡将马分割成几段，树和马的前后空间发生错位重构，使人视觉上产生一种不连贯性，呈现出若隐若现的动态感。马格利特的这种艺术构思可以创造出在平面中表现运动的超现实的可能性。

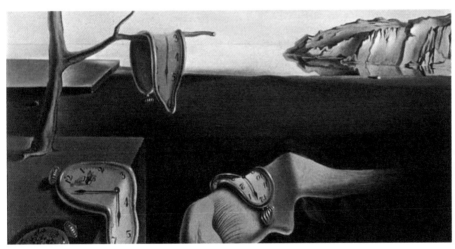

《永恒的记忆》 达利

《凯旋的大象》 达利

萨尔瓦多·达利（Salvador Dalí，1904—1989），西班牙画家，超现实主义绘画大师级人物，享有"当代艺术魔法大师"的盛誉，与毕加索、马蒂斯一起被认为是20世纪最有代表性的三个画家。

达利的作品中，最为我们熟悉的形象，可能就是柔软弯曲的表，长着蚊子一样细长腿的大象，噩梦中的眼睛。这些形象背离人们正常的思维逻辑，看上去十分疯狂。然而，我们透过这个疯狂的表象看到的是想象——自由自在的想象。达利告诉我们：当两个丝毫没有关系的、不可能碰到一起、不应该被放在一起的东西碰到一起的时候，新的生命就可能诞生，新的事物就可能出现。在这里，达利为我们寻求的创新思维，开辟了一条实实在在的思路——将两个离得很远的事物放到一起,让它们碰撞、交流、摩擦,新思想就会产生。

《永恒的记忆》是达利作品中最有名的一幅,也是20世纪绘画史上最为人们所熟悉的。达利在创作时采用了"偏执狂临界状态"的方法,即在自己的身上诱发幻觉境界,从潜意识心灵中产生意象。画中表现了一种"由弗洛伊德所揭示的个人梦境与幻觉",是自己不加选择的,并且尽可能精确地记下自己的潜意识以及梦中每一个意念的结果。而且达利为了寻找这种超现实的幻觉,还曾去精神病院了解患者的意识,认为他们的言论和行动往往是一种潜意识世界的最真诚的反映。达利运用他那熟练的技巧精心刻画那些离奇的形象和细节,创造了一种引起幻觉的真实感,令观者看到一个在现实生活中根本看不到的离奇而有趣的景象,体验到精神病人式的对现实世界秩序的解脱。从此以后,达利的画风开始异常迅速地成熟起来,他自己也成为世界上最著名的超现实主义画家。

钟表是金属制造的,平整坚硬是它的属性;钟表绝不可能柔软,弯曲柔软的表面指针是无法运转的。但达利在他的绘画中,将表的外形赋予柔软的特征。于是,我们的思路立刻离开了生活,离开了生活中真实的钟表。人们在这里会想到时间,想到时间的变形,会思考当时间的序列性被打破之后所能获得的东西……这时,一个比真实的钟表更广阔的时空展现在我们眼前,激荡在我们的思维中,它让我们去想,让我们走得更远。达利将表的外形赋予柔软的特征,人们在这里会想到时间的变形,会思考当时间的序列性被打破之后所能获得的东西。

大象是靠着四条粗壮的腿来支撑庞大躯体的,但达利画中的大象长着四条精细的蚊子般的长腿。于是,观众又一次跳离现实,跳离大象,想到重量,想到支撑,想到悬浮,想到摆脱地心引力。不要急于下断言,说这是妄想,是痴人说梦。达利带我们真正走进创新思维。

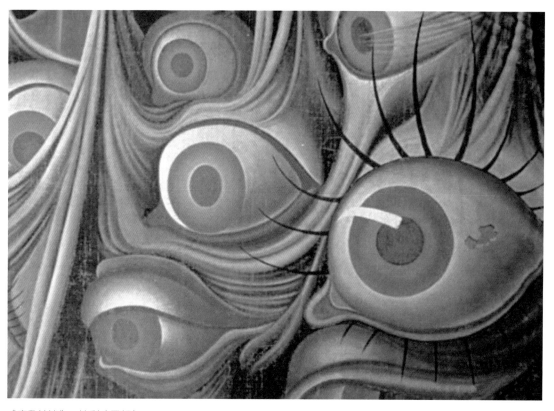

《意乱神迷》 达利(局部)

2. 立体主义

立体主义（Cubism）是西方现代艺术史上的一个运动和流派，1908年始于法国。立体主义的艺术家追求碎裂、解析、重新组合的形式，形成分离的画面，以许多组合的碎片形态为展现的目标。艺术家从许多的角度来描写对象物，将其置于同一个画面之中，以此来表达对象物最为完整的形象。物体的各个角度交错叠放造成了许多的垂直与平行的线条角度，散乱的阴影使立体主义的画面没有传统西方绘画的透视法造成的三维空间错觉。背景与画面的主题交互穿插，让立体主义的画面创造出一个二维空间的绘画特色。

巴勃罗·毕加索（Pablo Picasso, 1881—1973），西班牙画家、雕塑家，法国共产党党员。毕加索是当代西方最有创造性和影响最深远的艺术家，是20世纪最伟大的艺术天才。毕加索的艺术生涯几乎贯穿其一生。他的作品风格丰富多样。后人用"毕加索永远是年轻的"的说法形容毕加索多变的艺术形式。史学上不得不把他浩繁的作品分为不同的时期——早年的"蓝色时期""粉红色时期"，盛年的"黑人时期""分析和综合立体主义时期"（又称"立体主义时期"），后来的"超现实主义时期"，等等。他于1907年创作的《亚威农少女》是第一张被认为有立体主义倾向的作品，是一幅具有里程碑意义的著名杰作。它不仅标志着毕加索个人艺术历程中的重大转折，而且也是西方现代艺术史上的一次革命性突破，引发了立体主义运动的诞生。

《站在镜前的少女》是毕加索以立体派描绘女人形象和新古典派风格相结合的产物，是形象极端自由性——线条和色彩自由组合的杰作。画面重在平面分解。女人的各个局部被予以几何化，并规范成各种圆形：脸、镜子、乳房、臀部和圆形镜中的反映物。镜中镜外的圆形构成，成了富有装饰趣味的图案。立体主义的多视点是同一物体不同视点：（如一个人左侧面、右侧面、正面和后面在画面中的共现）把同一物象不同面组合在同一画面，以几何图形的块面特征表现物象，使物象超出人以往的视觉接受经验与视觉接受习惯，产生抽象的视觉效果。

《站在镜前的少女》　毕加索

3. 光效应艺术

光效应艺术亦称"光学艺术"或"视觉艺术"。它是20世纪60年代流行于欧美的一种利用光学的感觉加强绘画效果的抽象艺术。这种艺术是建立在对抽象派和波普艺术反叛的基础之上的。它认为抽象派艺术太依赖画面偶然性的效果和任凭感情的冲动，而波普艺术又过于鄙俗和缺乏艺术的感染力。他们的目的是要通过各种不同的纹样和色彩，利用观众的视觉变化来造成一种幻觉效果。它的具体做法就是利用简单的几何形体的重复或中断，利用色块的补色关系和结构的

光效应艺术

连续与并列达到绘画的效果。他们在作画时常常使用直尺和圆规等工具，有的还可以大量地拷贝和复制。从事光效应艺术创作的画家往往具有比较熟练的技巧，比较完美地掌握了图案艺术的规律，能使作品产生千变万化的效果。可以说，他们是打破了纯绘画艺术和装饰图案艺术之间的界限，对工艺美术银幕艺术，广告艺术和建筑艺术都产生了较大的影响。所以有人把光效应艺术当作视觉艺术的科研成果来看待，是年轻的艺术家们对科学技术兴趣开发的结果。

光效应艺术的代表画家有意大利人比亚齐，英国人赖利，美国人莱因哈特和诺兰等。在欧洲还存在不少光效应研究组织，著名的有法国的"光效应艺术研究探索团体"和德国的"泽罗团体"。光效应艺术图形利用视幻效果来造成视觉刺激，让眼睛接受信息；现代电脑的调色、变色、滤镜的参与又使图形带有随机性与不确定性，成为新一代设计师的新宠。

（二）表现手法的借鉴

《下楼的裸女》 杜尚　　　　《带胡须的蒙娜丽莎》 杜尚

1. 马塞尔·杜尚（Marcel Duchamp，1887—1968）

法国艺术家杜尚，20 世纪实验艺术的先锋，被誉为"现代艺术的守护神"，对于第二次世界大战前的西方艺术有着重要的影响，是达达主义及超现实主义的代表人物和创始人之一。（但其实杜尚不属于任何流派，因为他一生都在追求自由，真正的心灵自由。）

1917 年，杜尚将一个从商店买来的男用小便池起名为《喷泉（spring）》，匿名送到美国独立艺术家展览，要求作为艺术品展出，成为现代艺术史上里程碑式的事件。1919 年，杜尚用铅笔给达·芬奇笔下的蒙娜丽莎加上了式样不同的小胡子，于是《带胡须的蒙娜丽莎》成了西方绘画史上的名作。

杜尚初期的作品并未显露任何天才的迹象，像《布兰维尔的风景》那样印象主义的画作丝毫看不出作为一个艺术大家的深沉慧根。当杜尚开始画出一些立体主义的重要作品，着手创作将"时间—运动"作为考察对象的《下楼的裸女》，他已经对传统的静物美学产生怀疑，反对视网膜的感性美。而这意味着思想的开端，一扇朝向另一些事物的窗户悄然打开，新的艺术游戏规则而非美学规则正在静寂中酝酿一个世纪的暴风骤雨。

有人觉得，杜尚是破坏，杜尚是玩世不恭，杜尚是幽默，杜尚是典雅；然而，无人能否认的是，杜尚是艺术家。从野兽派到立体主义，再到现成品艺术，从一名新艺术形式的追随者到彻底颠覆一切为美和趣味的艺术家，他成为了超现实主义的鼻祖，改变了美国乃至整个西方的艺术观念。

2. 凯斯·哈林（Keith Haring，1958—1990）

20 世纪 80 年代，美国一些涂鸦艺术创作者为了宣扬"艺术为大众服务"的理念，开始了随处可见的

凯斯·哈林　　　　　　　　凯斯·哈林作品

涂鸦绘画，其中以地铁涂鸦艺术为最主要的代表。凯斯·哈林正是这些地铁涂鸦艺术者中的佼佼者，被人誉为"美国涂鸦艺术之父"。

　　阅读凯斯·哈林的作品，人们可以感到他对生命的眷恋和热爱。在22岁这个注定是充满想法、充满叛逆的年龄，他在纽约地铁内开始了自己的涂鸦创作道路。哈林将自我观念中的悸动、叛逆一一流露在街头的涂鸦创作中（要知道当时在地铁内涂鸦，是要冒着被警察拘捕的危险）。他受到画卡通漫画父亲的影响，在涂鸦作品中，随处可见的是用奔放、粗犷的线条勾勒的空心人形象（这种形象是依据美国的黑人舞蹈"工间舞"中的人物形态创作而成的），虽然每一个形象都有自己特定的形态。哈林的作品简约、率真，甚至有点像儿童画，其形态简单、易懂，粗犷的黑色线条与平涂的纯色搭配，使得小人形象尤为突出。在哈林的画中，他把在平时生活中观察到的情形，转化成一种自由的形态释放出来，使整个画面充满着童真的跳跃，每根线条仿佛都有自己的乐章。在涂鸦画中除了小人形象之外，还有动物、物品和怪物等辅助形象。在这些人和物象的空隙周围我们还会发现有一些短小的黑色线条，有弧线、放射线、波浪线等。这些线条虽然只是主体图形的附属，却赋予了整幅作品生动的画面感，无声的线条让人感觉出了有声的含义。哈林还将自己的涂鸦作品与商品联系起来，于1986年在以贩卖艺术品而著称的纽约市苏活区开设了"波普商店（Pop Shop）"专卖店。对哈林而言，艺术并不是只有少数人才能拥有的物品，它应该为大多数人所享有。在地铁中的创作就是为了很好地将艺术传递给大众。他用另一种方式的艺术来表达自己。哈林的作品深入到生活的每个角落，是从一开始地铁涂鸦的理念通过商业化的推广得到了大众更广泛的传播。他能利用自己的作品表达出更不一样的时尚效应，从真正意义上实现了"让自己的涂鸦作品成为大众化艺术"的宗旨。

　　3. 草间弥生（Yayoi Kusama，1939— ）

　　圆点女王、日本艺术天后、话题女王等诸多标签加在一起，都不足以涵盖草间弥生复杂而多变的一生。这位年近80岁，用半个世纪的艺术创作来不断证明自己的艺术家，和安迪·沃霍尔、小野洋子等先锋艺术家共同见证了当代艺术史。

　　草间弥生在英国伦敦泰晤士河边，把树木用红色背景下的白色波尔卡圆点包裹了起来；伦敦海沃德（Hayward）画廊，巨大的雕塑则把画廊空间的里里外外布置得艳丽时尚；巨大的、重复的、红白相间的圆点，在伦敦的角落蔓延。熟悉当代艺术的人，看到这些标志性圆点马上就能想起那个身着相似图案服装的"日本怪婆婆"。

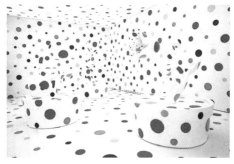

草间弥生　　　　　　　　　草间弥生作品

　　草间弥生 10 岁左右开始被大量幻觉困扰，她当时为母亲画的画中就已充满了小圆点。那时的她开始运用非对称的半身红半身白的毛衣装饰自己。直到今天，她的服装也全部由自己设计。40 年前，草间弥生成为纽约前卫艺术的先锋人物，影响力堪与波普艺术领袖——安迪·沃霍尔匹敌。草间弥生在纽约的经历将日本人的名字写入西方波普艺术史。30 多年前，她回到东京，住进精神疗养院。1993 年，她独自代表日本参加威尼斯双年展，重出江湖，确立了自己在国际艺术界的地位。英国《泰晤士报》公布 20 世纪最伟大的 200 名艺术家的调查结果，毕加索、塞尚名列第一、第二，日本有 4 位艺术家上榜，分别为村上隆、草间弥生、杉本博司和野口勇。相比村上隆等日本艺术家，年近 80 岁的"怪婆婆"草间弥生比他们提前了整整三四十年。

　　现代的图形设计，从设计创意到表现形式已经进入了一个新的层面。这种变化可以说是紧随时代的，特别是由于现代科学技术的迅速发展和各种现代艺术流派的波及，人们的设计观念已经冲破了原有专业的局限，许多设计家均以多元化的知识结构和超常的艺术想象力，创造着图形设计的新风格。人们对图形设计的认识，也随着时代的发展，走向了新的自觉。在电脑、数字媒体（电视、电影、网页、手机、显示屏等）一系列新媒体的影响下，图形的表现、构成、色彩、语言、感受等一系列与之相关联的新元素在悄悄地萌生，产生了所谓的"新表现形式"，例如人图的互动性、形象的不确定性、画面的连续性等，人类与生俱来的对美的追求也会使其形式不断发展和更新。相信图形这一既新鲜又古老的艺术会随着现代思维的不断变化和新媒介的不断出现而永远充满活力。

三、校考真题与课题拓展

（一）课题练习

　　内容：寻找生活中的点线面形态
　　点、线、面是平面设计里的三个重要元素。点、线的规律排列或有序变化会产生秩序感，在视觉上产生线或面的感觉，从而构成新的形态。
　　要求：
　　1.可用数码相机记录、网络搜索发现身边的点线形态之美，也可自己动手进行点、线形态的布置、摆拍，手法不限，材料不限。
　　2.强调形态特征要独特鲜明，统一和谐。注意对比及疏密的节奏关系。
　　时间：1 小时。

（1）点的形态寻找

（2）线的形态寻找

（二）课题练习

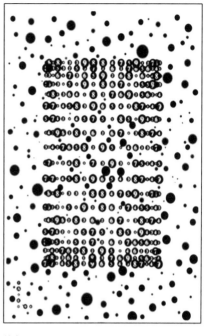 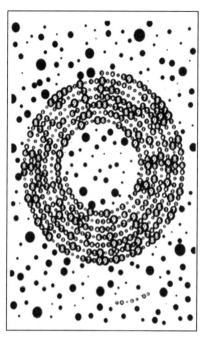 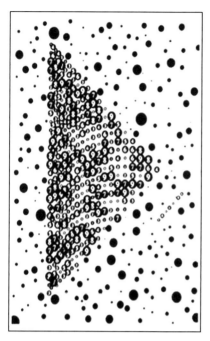

佚名

内容：□○△形态训练。

从上图由点构成的□○△的海报设计中，感悟设计元素之美。

要求：1.从现代艺术的创意思维和表现手法的借鉴中，启发学生思维想象，有意识地引导学
　　　　生对周边事物、物体发生兴趣，并加以观察、联想，进而用艺术的手法在草图本上表
　　　　现□○△。

　　　2.以小组 PK 赛形式，把有创意的□○△在黑板上进行绘画表达。

　　　3.每位同学在此基础上精选 6～8 例优秀方案进行精细描绘。

　　　4.并尝试将 6～8 例优秀方案组合成不同的构图形式。

时间：3 小时。

课堂教学指导作品：□○△的图形联想小组 PK
鄂靖怡、唐睿、田佳奕、陆羽凡、翁嘉辉、朱周灵、顾文俊

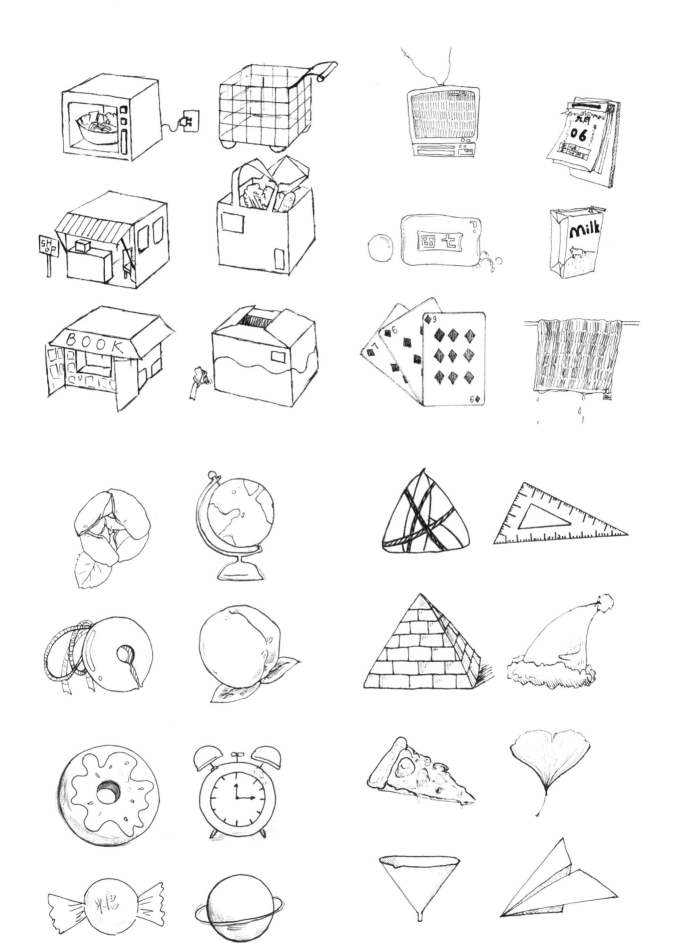

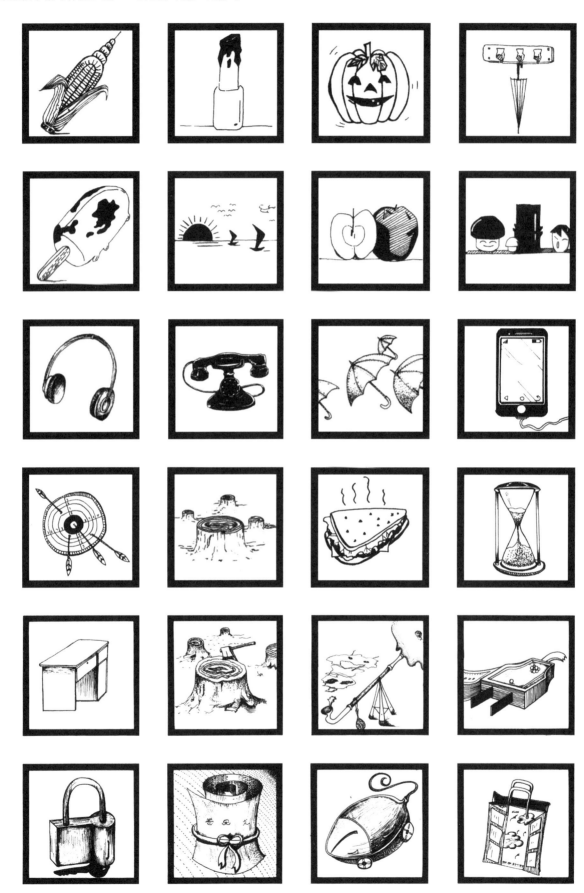

（三）课题练习

内容：单形元素的视觉化想象——眼球替换。

要求：1.通过对单形元素"眼球"独特、鲜明的形态特征观察、分析，
找出元素构成的基本要素，然后进行图形替换练习。

2.可尝试8例草图，在此基础上精选4例优秀方案进行精细描绘。

3.尝试4～8例画面的构图组合，手法不限，色彩材料不限。

尺寸：8开。

时间：3小时。

课堂教学指导作品（眼球替换4例）：刘静、朱晨升、季志新、王伯虎、刘霄潇等

课堂教学指导作品（眼球替换8例）

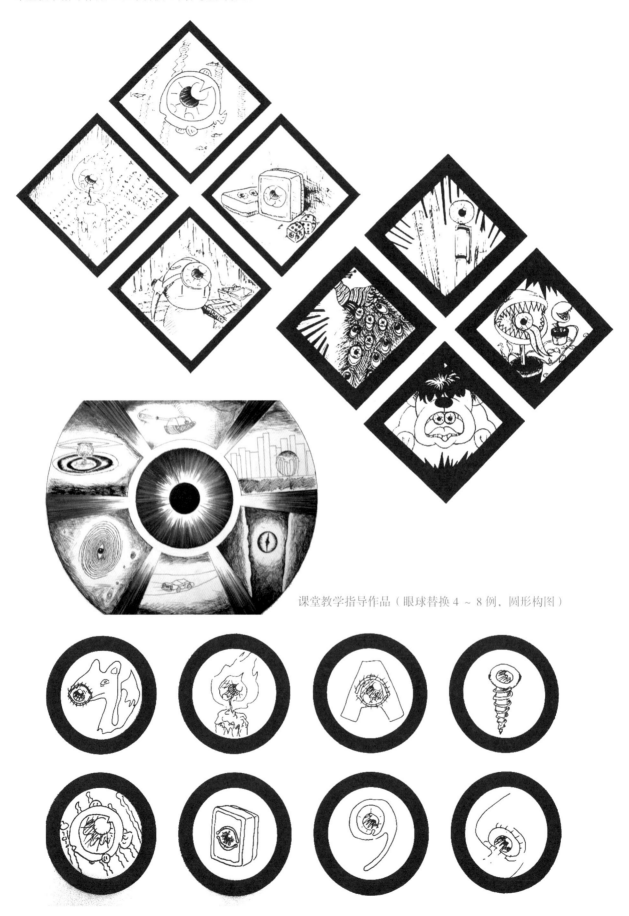

课堂教学指导作品（眼球替换 4 ~ 8 例，圆形构图）

　　现实生活中我们常常会接触到各种各样的符号，每一个符号都代表一种形象，都可以传达一种图形信息。如何挑选和组合符号？两个符号之间的置换和摩擦会产生什么样新奇的效果？本节的图形分类学习意义不是需要我们记住有多少类图形，而是通过对图形基本分类的阅读，掌握图形创意的联想表达方法，并在生活中养成注意观察和不断收集各种形象符号的习惯，学会整理，然后把它们转变为我们需要的设计语言，以此来促进新符号的产生。

在现实生活中我们常常会接触到各种各样的符号，每一个符号都代表一种形象，都可以传达一种图形信息。如何挑选和组合符号？两个符号之间的置换和摩擦会产生什么样新奇的效果？

本节的图形分类学习不是需要我们记住有多少类图形；因为国际上对图形概念的分类一直是各抒己见的，而定义相近的概念在不同国家又有着不同的名称。我们通过对图形基本分类的阅读，掌握图形创意的联想表达方法。并在生活中养成注意观察和不断收集各种形象符号的习惯，进行整理，然后把它们转变为我们需要的设计语言，以此来促进新符号的产生。

一、图形的基本分类

（一）同构图形

通过创意联想，对来自生活中的创意元素加以创造性的改造，关键在于形的连接与相互转化，不追求生活的真实性而是与现实产生矛盾关系，同时重视创意上的艺术性和内在联系。同构图形，体现艺术美学的整体感，追求哲理性的创意理念，合理地解决物与物、形与形之间的对立、矛盾关系，使之协调、统一在一个特定的空间中发挥各自的信息内涵。

斯坦贝克（Saul.Steinberg）

同构图形不在于追求生活上的真实，更注意视觉上的艺术性和合理性。斯坦贝克（Saul.Steinberg）的绘画已完全从传统的现实主义手法上升为一种有意识的对形的研究——同构，即把可能是矛盾的对立面，或对应相似的物体，巧妙地结合在一起。这种结合，不再是物的再现或并举在同一画面，而是相互展示个性，将共性物合二为一，给人以明了、简洁、亲切的印象。他的黑白线描系列作品展示了他独特的艺术天地。他的作品"人和摇椅""舞伴"，将椅子和人，人和人的关系经过上述艺术处理，使之更为"密切"。

1. 双形同构

双形同构是将两个或者两个以上的图形共用整个图形，包含异形和异质的同构。同构图形将不合逻辑的物质通过其造型的相近性非现实地联系成一个整体，传达出某种特定的信息和不同质间的关系，从而创造出新的意义和价值。

物质都有自己固定的材质，如树是木质的，书本是纸质的，酒瓶是玻璃材质的，这些都是不可改变的客观现实。但我们在设计中根据意念可将一种物体的材质嫁接到另一种完全不同的物体上去，从而使两种物体发生关系，使原本平淡无奇的形象因为材质的改变而变成新异的视觉图形。

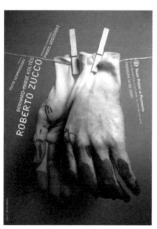

Michael Batory

2. 肖形同构

"肖"即为像、相似，肖形是象形、仿形。肖形同构是指以一种或多种物形的形态去模拟另一种物形的形态，通过对一种形象的加工塑造，与另一种形象产生形象的相似，借此表达两者意义上的相互联系。肖形同构分为两类：一是对有形之形进行塑造，二是将没有固定形态的无形之形（液体、气体等）塑造成形。

（1）对有形之形进行塑造

① 有形—有形

将有形的形态通过重组、形态改造、形体角度等特殊安排而塑造成为新的有形形态，两者常常出现含义比喻、属性转移等关系。

意大利超市将各种蔬菜水果仿照其他形状巧妙地在原形基础上进行塑造，手法单纯、形象，非常吸引人。

② 有形—无形

将有形的物体塑造成为无形的形态，利用有形物体的形态、材质、光泽等特征，通过设计，在视觉上模仿一些无形形态的某种状态。

将大小渐变的餐具和中心的调羹塑造成一滴水坠入水中引起的涟漪形态，形成优美的视觉感受。

（2）将没有固定形态的无形之形（液体、气体等）塑造成形

无形—有形：将没有常态的物质，人为地通过形态塑造手段，安排成有形的物质形态。

意大利超市海报　佚名

海报　佚名

海报　佚名

3. 显异同构

显异同构是将一个原形进行开启，显示出藏于其中的其他物形。

显异同构中被开启的原形可以是现实中可开启的事物，也可以是不能割裂的事物。但通过图形想象中的分割裂变进行再创造，使它具有超现实的形态，与其他物形更具整合的可能性。

为伍迪·皮尔特勒（Woody Pirtle）用纸巾设计的海报。　海报　佚名

（二）异影图形

根据主题需要，利用物体的阴影进行加工和设计，使其不同于却相类似于物象本身，从而达到耐人寻味的艺术效果，我们将这种图形称为"异影图形"。投影出自实体，与实体的关系密切。投影可以呈现为两种状态：一种是反映实体的相关内在实质、相反状态，或对原形进行某种含义的隐喻。另一种是利用投

纪念反法西斯胜利50
周年海报（佚名） 法
西斯标志在夕阳光影
下投射了一个异样恶
影——一个十字架坟
墓。影子元素含义十分
深刻，象征着战争者无
法摆脱自焚的命运。

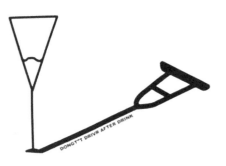

公益招贴（佚名）
酒杯折射出拐杖的影像，告诫酒后驾车的危害。

海报 佚名

《第二届联合国环境与
发展大会》 福田繁雄
1992

影与原形之间形象的较大反差产生新颖有趣的图影关系。

异影同构的构成方法有：

1. 光影投影

即对光源照射在物体上所产生的阴影进行改变，产生异影同构。投影可以变形成为另一种形态，也可以演变为具有实体特征的影像。

好的图形设计作品，除了本身具备艺术价值，更为重要的是它所传递的信息，它所赋予的哲理。

2. 反射投影

对本体通过类似镜面物体的反射而呈现的物象进行改变，其最大特征就是可以保留本体的一切视觉细节。因此，可以使本体与投影在细节上或整个视觉特征上产生对比，形成不可思议的视觉感觉。

（三）增殖图形

增殖复合形就是在原有物象的基础上，将同一物象或其中的某一部分进行重复运用并使之为一个整体形象，或组成动态综合形象，创造出有动感的独立图形。

《天与水》 埃舍尔

（四）延异图形

延异即延续变异，就是通俗所说的"渐变图形"，即从一个形态经过若干步骤后演化成一个与本身截然不同的另一物象形态。这是一个有规律、有秩序的演绎过程，能使两个原本并不相干的物象产生意义上的连接，并且展示运动变化的过程。

渐变、演化是生命体的必然过程。而对自然界的四季交替、蝴蝶的化茧成蝶、月亮的阴晴圆缺等自然规律加以总结、给予重视的是视觉艺术家们。埃舍尔是真正把图形延异作为一种表现物形特殊性的特定方法。在经典作品《天与水》中，他充分利用了这种图形的构形方法，使水中的游鱼和天上的水鸟有机地结合在一个空间中。黑鸟和白鱼在亮色的天空与凝重的黑色中交织渐变，互相衬托，生动自然。

姜今教授在《设计艺术》中图示了"运动连续变异"的过程，就是让由左侧的跑者、可乐瓶的连续运动而渐变到非洲，这是动画变形，它暗示了可乐到非洲的广告性。

B. 运动连续变异

运动连续变异 摘自《设计艺术》

（五）拟仿图形

拟仿就是模拟和模仿的意思。拟仿图形就是仿其形、类其变而合其义，合其性，使一种物质在向另一物质转化的同时不失自身，其结果是两者兼而有之。设计者丰富的想象和对事物之间内在联系的发现即因此"一变"而跃然纸上，产生意味无穷的创造结果和灵动的美感，创造出包含了两物之特性的、异于现实的全新视觉形象。

在拟仿中，一方面不得完全脱离原形，另一方面所拟仿的又是原形所没有的和办不到的。按拟仿的特点看，又可分为仿结、仿曲、仿穿插、拟人等。

1. 仿结图形：将原图形中的一些不能打结的部分打结，或把通常不加捆绑的东西加以捆绑，从而产生新意，产生使人感兴趣的形象，使打结后的图形具有一定的含义与奇特的效果。

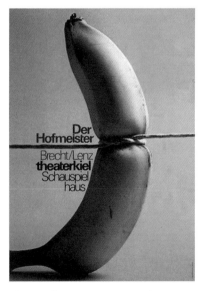

《庄园主》海报　霍尔戈·马蒂斯

《费加罗的婚礼》　福田繁雄

环保海报　佚名

2. 仿曲图形：设计者运用视觉传达手段使原本不可能弯曲的物体被描绘得弯曲，并通过某些无形的张力和特性使一个二维图形具有三维立体的视觉效果，从而使画面产生奇趣。

  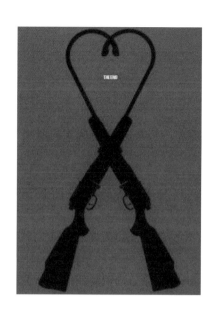

招贴　福田繁雄等

3.仿穿插图形：利用一物穿透另一物的构成方法，并加强、突出这一特性，使观者在平淡中产生惊奇之效。仿穿插图形的组织是一种打破秩序感，制造矛盾和不协调的构形方法，从而创造出在悖于常理之中又传播信息的趣味图形。

招贴　福田繁雄

2018世界杯吉祥物设计

4.拟人图形：拟人是指赋予对象以人类感情色彩。拟人图形是通过想象、虚构、假设等思维方式，把一些非人类的物象当成具有人类思想感情、语言能力、行为特征的生命在画面上进行变化处理，以人的表情、思想、动态或活动特点等作为创意的切入口，把其他事物的形象与人的性格特征有机联系起来，使创意更具人性化，更易于理解，富有亲切感，利于信息的传达。同时也适合设计类专业校考中"陪伴""自由""健康""信任"等情感类词语命题表达。

（六）矛盾图形

矛盾图形所提供的景象，是现实生活中没有也不可能发生的，所以又被称为"悖理图形"或"不可能的图形"。它是通过错误的透视手法在二维平面上制作的图形，观者将会使用现实生活（三维空间）的思维去判断这个图形的真实性。因为这些图形在现实生活中不可能存在，所以每当我们在二维平面看到悖理图形时，尽管它与现实生活（三维空间）的"体"产生冲突，但它还是在平面上显示了出来（人的眼睛将外界一切事物以"二维平面"方式传送到大脑进行分析和判断），也就自然而然地肯定了画面创造的悖理图形在三维空间或四维空间的存在。追求视觉变化是悖理图形产生的缘由。悖理图形的创作形式多样，我们可以通过创造性思维，从构图形式中寻觅图形创意的最佳元素。因为只有那些看似偶然，不合情理的创意图形才能在求新、求变、求异的视觉设计体系中发挥出意想不到的效果。

矛盾图形中常见的有混维图形和互悖图形。

1. 混维图形："维"又称为"尺度"，一维是指长度；二维是指长度与宽度，可以构成平面形象；三维指长度、宽度与高度，可以构成立体形象。而"混维"是指将二维形象与三维形象混淆起来，组合成一种奇异的景象。当一个统一的形象的一部分是平面，另一部分是立体时，就会出现混维。

（1）平面混维：在同一个平面中使一个正常形象的各个部分错位，位于不同的边缘所延伸出的空间中。它的目的是利用图底关系表现同一形象的局部在不同平面空间的混维。

福田繁雄（1932—2009），日本当代视觉设计大师，他的设计理念及其设计作品所取得的成就，对当代平面设计界都产生了深远的影响。他与岗特·兰堡（Gunter Rambow）、西摩·切瓦斯特（Seymour Chwast）并称为当代"世界三大平面设计师"。他曾任日本平面设计协会主席、国际平面设计联盟（AGI）会员、日本图形创造协会主席、国际广告研究设计中心名誉主任。福田的创作范围广泛，除书籍装帧、海报、月历、插图、标志设计之外，也涉及工艺品、雕塑艺术、玩具、建筑壁画、景观造型等各种专业领域。他所涉及的设计领域，均能将其创作灵感发挥到极致，给人一种印象深刻的视觉美感与艺术表现力，流露其独特的创作魅力。他大量的"福田式"的海报作品更为世人所熟知。平面设计类书籍中几乎都会出现他的作品。

（2）立体混维：利用立体空间制造出来的一些"巧合"图形，使空间中本无关系的形象通过两者位置、角度的巧合产生视觉联系。

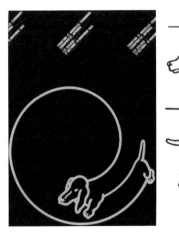

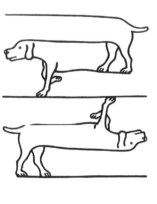

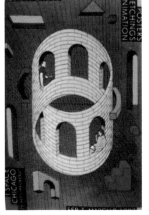

招贴 福田繁雄 　　　　　海报 伊斯托凡·奥罗兹 　　版画 埃舍尔

版画　埃舍尔

伊斯托凡·奥罗兹（1951—），匈牙利海报设计师，他所绘制的电影海报是将绘画理论和电影技巧组合的杰作。在这幅海报作品中，城墙被围合成一个奇妙的视觉怪圈，在这里没有圈内、圈外。这是设计师用错位搭接而造成的视觉形态，无理而有趣。

（3）综合混维（平面与立体结合）：在同一设计空间中将二维形象与三维形象混淆起来，组合成一种奇异的形象。当一个形象其中的一部分是平面的，而另一部分是立体的时，就会出现混维的形象。

现代图形设计对空间形或三维图形做了大量的研究；在平面上体现三维空间，有极大的发展表现空间。综合混维图形的组织方法将一个平面图形其中的一部分自然地变成立体图形，或将两个或两个以上平面图形进行组合，将其中的一个图形变成立体图形。

荷兰版画家埃舍尔做了大量的错视空间研究并通过作品表现出来，人们在看他们作品时视觉不会停留在平面中，而是会在平面中制造空间。他使人从僵化的思维中解放出来，把魔幻般的错视表现为可能，使人们对形的观念不僵化定格。当然这些都是通过形的塑造来表现的。

2. 互悖图形："悖"就是相反的意思，互悖就是互相矛盾。通常通过形态交叉造成的幻象，或是透视规律的逆运用，或是改变观察顺序，来造成在画面上互相矛盾，不可能出现在现实生活中的荒谬景象。

三角棍架、魔鬼音叉

矛盾图形会建立在一些基本的矛盾结构上，如彭罗赛三角棍架、魔鬼音叉、彭罗赛台阶等。这种利用人眼的错觉和透视学上的错误，使空间无限延伸展开或交错在一起，违背正常的透视规律及空间概念，在平面空间上创造出三维或多维的虚拟空间。这种空间关系看似合理，实则充满无理性和矛盾性。

招贴　福田繁雄等（日本）

在 1987 年"福田繁雄招贴展"中，福田将静止坐在台前相同的人放在四个不同的视角，同时表现于同一画面，用单纯的线、面造成空间的穿插。大面积的黄色与人物黑色剪影形成对比，使整个画面产生强烈的视觉效果。这种空间意识的模糊，在视觉表现上具有多重意义的特性。

埃舍尔表现了人、建筑、楼梯与空间的矛盾关系。人沿楼梯由下而上前进，经过几个转折点，很自然地又从上面回到了出发地。一会儿是向上走，一会儿是向下走，完全没有一个固定的方向，从多角度皆可看到物形组合在一起的矛盾性。

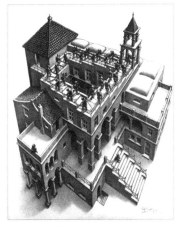

《上行和下行》 埃舍尔

二、校考真题与课题拓展

（一）课题拓展

名称：异影图形组织的练习。

内容：利用现实生活中的影子，寻求影子的新创意。

要求：

1.异影要求简洁概括，要抓住原形的外形或内涵进行想象，注意外形或内涵的延伸和图形在视觉上的冲击感。

2.图形数量不少于 6 个。

3.钢笔手绘。

尺寸： A4 纸。

时间：1 小时。

江南大学考生作品

（二）考题链接【江南大学校考考题】

考题：延异图形。

内容：参照"蒙娜丽莎"渐变至"ART"这一延异图形，将海狮渐变为汽车。在所给的海狮和汽车之间加入过渡形象，以同样的表现方法插入图2、3、4，使之完善。（40分）

尺寸：A4纸。

时间：1小时。

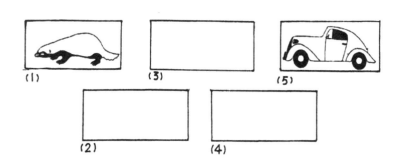

课堂教学指导作品

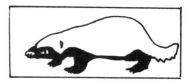

（三）考题链接【江南大学校考考题】

考题：同构图型。

内容：附图为一幅人＋椅子的两个元素的同构图形。
请寻找生活中和自然界中相关的两个图形并给予组合、同
构。要求简洁明了，做装饰性线描或黑白图形处理。（40分）

尺寸：A4 纸。

时间：30 分钟。

课堂教学指导作品

（四）考题链接【四川美术学院设计类校考考题】

考题：矿泉水瓶的想象。

要求：

1.保持图片中的矿泉水外形形态不变，结合其外形特征或内部空间充分发挥想象，在特定形态内完成图形的创意和表达。

2.所有图形变化必须局限在矿泉水瓶的形态框架内。

3.结合自己的经验和感受，理解对象的外形特征或内部空间美进行有意义的联想和重塑。图形表达富有想象力和创造性。

4.作画工具限铅笔、炭笔、黑色马克笔、毛笔，表现手法不限，但仅限于黑白表达，不能出现任何文字。

5.不少于五个创意概念草图，并选择一个绘制成正稿。

尺寸：8 开。

时间：90 分钟。

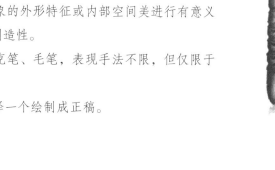

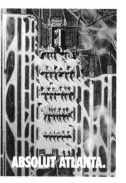

考题分析：此题可参照经典设计 Absolut Vodka(绝对伏特加) 广告海报，海报中体现了深意与视觉相结合进行表现的方式。这不单单考验设计师的图形创意表达，同时对其画面的构图能力还有具体要求。

课堂教学指导作品：创意草图

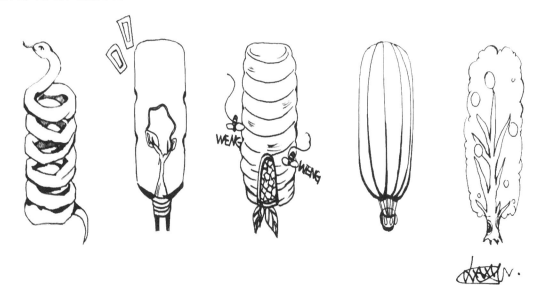

课堂教学指导作品：徐星航、王忆艺、宋心怡、张志遥、庄雨曦等

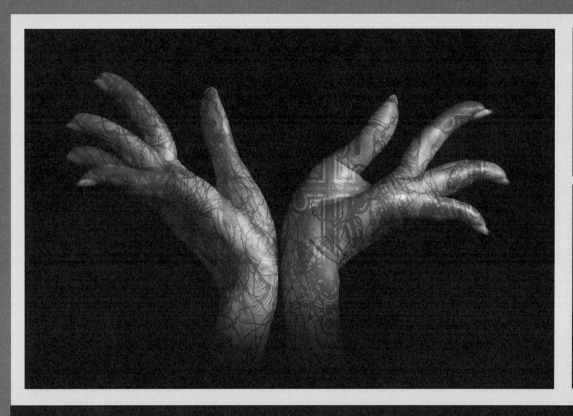

农历冬月

初九

妙手偶得

　　我们生活在用"手"创造的世界中，需要对手进行再认识、再创造与再设计。人类的创造性劳动，都是手部功能的扩展。一双双有形的、无形的、变幻而强有力的手在推动着整个历史向前发展。

　　设计领域，是向人们热忱伸出双手的世界。

图形创意设计是一个复杂的思维过程。设计师要从创意图形的主题要求出发，通过联想和想象，找出那些在表层上看似独立，内在本质上又彼此联系的视觉形象通过反复的思维活动进行分析和判断，选择具有代表性、最富有寓意的形象，重新创造整合，设计出全新的图形。

一、图形创意思维的培养模式

现代图形设计是组织图形语言的过程，而图形设计教学更侧重于过程中对学生创造性思维的培养，注重的是思维模式。

（一）发散性思维模式

发散性思维是创造思维的主要因素，它要求设计者充分发挥想象力，突破原有的知识圈，从一点向四面八方延伸，使人处于一种积极的探索状态。（如右图）其关键在于打破思维的定势，改变单一的思维方式，运用联想、想象等尽可能地拓展思路，从问题的多个角度、多个方面、多个层次进行灵活敏捷的思考，从而获得众多的方案。

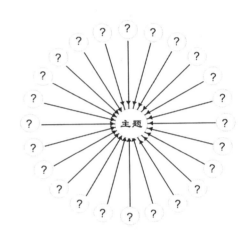

如在"符号联想（单形元素联想）"中，当进行到单形元素眼球替换设计时，先依次对"点""眼球""眼睛"进行发散性思维想象，无须考虑最后实践的可行性，都写进设计方案中。最后个人根据初拟的设计方案再回过来进行设计。有了群体的发散性思维作基础，再进行原创图形的表现就容易很多。（见下图）

课堂教学作品　主题：眼球替换

（二）独创性思维模式

在视觉艺术思维的领域中，艺术的创作总是强调不断创新，强调个性的表现。任何艺术作品，如果没有独特的个性特征，就容易流于平淡，落入俗套。个性表现是艺术的生命力所在。

如在"头文字D概念表达"中以字母D字为例，先运用发散性思维进行相关英文单词的联想，如DREAM、DISCUSS、DEAD、DANCE……然后就字义进行概念的图形表达，要求运用一切可能来充分彰显作品个性。下图分别选用橡皮擦出字印、人类登上月球的方法表现出虚幻的梦（DREAM），再选用一个小人喝农药的方法后惊悸的形式表现死亡（DEAD）（下图），进行了独创性思维联想。

课堂教学作品　主题：概念表达

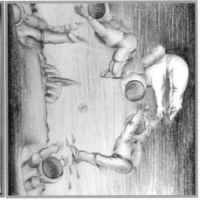

DREAM　　　　　　　　　　　　　　　　　　　　　DEAD

（三）虚构创意思维模式

优秀图形设计具有文字说明不能达到的视觉效果。"虚构"作为创意的一种思维方式，要充分发挥想象力对客观事物进行主观分析，再以形象代替理念。虚构在创意思维中是一种假设。"无中生有"是虚构创意的思维表现。

如在"世说新语"图形创意作业中，要求用现代生活概念新说古代成语，并要求以多种绘画形式进行表现。看到漫画、连环画的形式表现出掩耳盗铃、井底之蛙等成语时，可以看到思维的进一步拓宽，表现形式也趋向多样。

"世说新语"课堂练习作品

（四）连动性创意思维模式

连动性创意思维模式是现代设计中的常见手法，特别是多媒体、数字化时代的今天，触类旁通，从二维到三维，从具象到抽象的思维与形体的变化，是连动性创意的主要特点。

在此环节中可借助椅子、桌子等多维度空间的想象和构成，用丙烯、纺织纤维颜料、油画颜料等将所学的混维图形、互悖图形绘制其上，体会图形设计应用的乐趣。（见下图）

课堂教学指导作品：陈奇、朱成升、王杰、陈奇、顾超、曹志成、刘静等

设计理念：针对高中美术教与学的实际情况，此练习目标定位在为学生专业学习奠定创造性思维和视觉化创意表现基础。此练习是尝试在相同的载体上，如同一型号的石膏像、雨伞面等，运用学生心中丰富、多变的图形语言来进行图形表达。在规格相同的载体上，每位同学尽可能从自己的生活中去找寻不同元素，以追求最后不同风貌的呈现，充分感悟艺术的差异之美。

设计表达：

设计主题：多面维纳斯

女神维纳斯是美的象征，以石膏像维纳斯为载体，进行你心中女神的表达设计。表达主题需突出，一

课堂教学指导作品：《多面维纳斯》 石睿达等

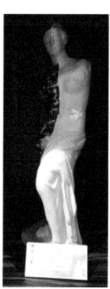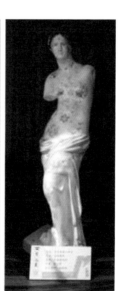

目了然。左侧用勾线笔画出金色小花的东方女子是女同学画的江南维纳斯。居中的那位美国大兵维纳斯，一看就是男生的作品——超人加蜘蛛侠的化身。往右这位是"战争与和平"维纳斯，只见女神一半身着迷彩代表饱经风霜的士兵，另一半化身为自由之神放飞了和平鸽。看来这位即将去乌克兰学习的同学打心底里渴求世界和平。

设计主题：江南春

春天的江南山青水媚、和风细雨。本练习以春日江南为创作元素，在白色油纸伞面上进行主题绘制，表现江南独有的春日之美。借用大厅二层楼的共享空间，进行伞的装置呈现。将一把把伞面朝下，用鱼线一头系住伞柄一头系在梁上，适度调整各伞间间距和高低，将伞面错落有致地向观者呈现。同时，为防止上部光源影响，将白色 KT 板裁切成圆形做伞的内部遮挡。光顾着在伞下遮风避雨，却忘却了风雨过后细细品味伞独有的特质。今天在学生手中，以江南为主题的创作，虎丘塔、香雪海的梅，每把伞都是精美的艺术品。让我们抬头仰望另一个伞花世界。

各具特色的主题画面在一批相同规格的载体上进行呈现却不令人觉得画面凌乱，这是因为有共性的规格因素在其中，风格得到了统一。可以静静享受充满个性的差异之美，通过预设的教学环节帮助学生找到百花绽放的自我。

课堂教学指导作品
同题异构剪纸作品《概念灯具设计：传统纹饰元素》

多维载体的表现形式可以是多元的，小到用水笔在香蕉皮上作画。如铁挚谊利用细腻流畅的黑色线条让花卉的造型无拘无束地流淌在明快的香蕉色上，挚真而朴实。或者用牛皮纸封面、环保帆布袋作为绘画的载体。大到可在钢琴上作画，将钢琴背面做成书架，正面再用白色丙烯进行多面绘制。

手绘香蕉和钢琴书架　钱挚谊

二、图形创意实践课例

本课例是在林家阳教授所著《图形创意》中重要一节衍生而来的。课例旨在引导学生通过对知识目标——手的主题阅读、解析，接着走入手语无国界的情感教学目标，最后引领学生进入手的图形创意设计这一技能目标。

我们生活在用"手"创造的世界，需要对手进行再认识、再创造与再设计。课例紧扣学生最熟悉的"手"为主题，通过大量关于"手"的主题阅读，引导学生从超乎寻常的角度来思考，来发现，进行不以实用为目的的千奇百怪的关于"手"的基础设计。最后再通过手在标志广告、海报插画和产品设计中的实例应用进行讲解，引导学生进行"手"的应用设计。

手的视觉化想象："手"是人所独具的，其他动物的被称为爪。人类的创造性劳动，都是手部功能的扩展：从石器时期的石斧到现代的龙门吊车，从古人使用的筷子到今天中国人登上太空，都是手部功能的再创造。一双双有形的、无形的、变幻而强有力的手在推动着整个历史向前发展。我们生活在一个充满手的世界，需要对手进行再认识、再创造与再设计。设计领域，是向人们热忱伸出双手的世界。

（一）手的视觉化想象

手的符号意义

1. 手势

（1）数字符号

每个民族都有用手的形式表示数序的习惯，以手指示数，手的符号意义首先得以确立，这是人类抽象思维的进化。

（2）象征手势

"手势"不仅是数的符号，表示招呼、友好的手势符号也早就为群体所约定俗成。

（3）模仿手势

孩童时期做过这样的"模仿手势"。（打光灯投射在墙上后做各类手势模仿生活中的动物。）

"数字符号""象征手势""模仿手势"，手势符号是社交活动中最普遍、广泛、简捷、有效的交往方式。

课堂交流：宋翔、夏丽

2. 手语

手语有哑语、创造性手语、公共性手语、专业性手语之分。

社会发展以人为本，从北京的公交车到飞机的安全预告录像都有哑语。"手语"不仅仅是哑语，它还可以是创造性手语。如佛事活动中的手语。因为佛教戒律较严，佛事活动中没有跳跳蹦蹦的动作，所以会有各种手诀。而警察指挥交通是公共性手语。裁判以手示意，是专业性手语。教师上课，演员登台，不仅用口语，也必须用手语。人类文明发展到今天，手语已无国界。

（二）手的表情

手是人身上触觉最敏感、神经最丰富的部分，然而手本身并无表情，但是社会生活塑造了社会的人，投射到手上，于是手就具备了表情。有深层思维与修养的人，是懂得以手传递情感的。手在绘画雕塑、文学摄影、舞蹈戏剧中都被用作展现人物的丰富情感。

绘画作品中"蒙娜丽莎"那双丰韵恬适而表情微妙的手，雕塑"娼妇"那双干涸、枯萎而表情痛苦的手。莎士比亚在《恺撒大帝》中描绘了一双血淋淋的手，福楼拜在《包法利夫人》中刻画了爱玛一双受情感煎熬的手，列夫·托尔斯泰在《安娜·卡列尼娜》中写了一双引起人全部注意力的手；《神雕侠侣》中李莫

愁备受感情煎熬的爱恨交织的手。

摄影作品中这双枯瘦如柴的手，它需要的不是美酒，而是果腹的食物和遮体的衣服。这些手所以能感人，正是因为具备了感情。

舞蹈的基本形式是手舞足蹈，舞蹈语言一大半在手。舞蹈《千手观音》中身残志坚的舞蹈演员以常人难以想象的毅力为我们展现出世上最美的舞时，我们还有什么理由不珍惜现在的生活，更好努力。

手作为有情物，被直接物化于设计。现代设计中大量的标志（商标及公共标志），特别是广告中充分利用手的形象及其符号意义获得了十分有效的视觉效应。可见在现代设计中，手被赋予特有的表情性与人情味，手的形象同时积淀了美学意味。

（三）手的应用设计

手的设计，可分基础设计与应用设计两部分。

1. 基础设计

它可不以实用为目的，仅为表现而表现，作为基本训练。

（1）从不同角度、不同层次表现手的形态。这不同角度与层次可以是超乎常规的，例如：X光照射下的手，它的表皮肌理、肌肉结构、骨骼结构、血脉结构、断层结构，总之，从超乎寻常的角度、层次来表现，才能有新的发现。

（2）以不同媒介来表现手的形象。以可以应用的各种材料来表现其结构，如纸质的、线质的（包棉线、尼龙丝、铜丝、铁丝等）；另外可以用手本身来组合。最早期的手影即是一种方式，应用个体及集体的共同组合加上附件组合，以产生十分丰富的效果，可获得新的感觉、新的启迪。

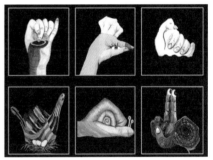

（3）以不同表情来体现手的特质。这种表情或情感的性质主要可分为阴柔与阳刚这两种基本特质。可通过手的结构、动作、组

金特·凯泽

《乌干达饥儿之手》迈克·韦尔斯（美）

佚名

合来体现肯定或否定的情节，诸如团结、联合、友爱、指责、反对、抗议、欢迎等具体的表情性质。

（4）以不同的手势来体现不同的哲理意味的内涵。政治色彩、宗教思想、国际性活动，诸如反对核扩散、禅的观念、国际和平年、禁烟运动等都通过手的形象来表现。

2. 应用设计

以手为设计可以将手的实体形象做变幻处理，并将其抽象意念应用于标志设计、广告设计以及工业产品设计，还有新的开拓。如香港设计师陈幼坚以佛手为主题进行的茶叶标志设计、包装设计。

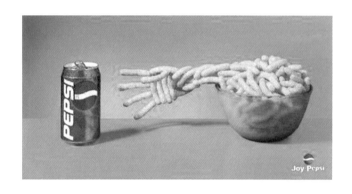

1997年香港回归，法国著名银器品牌昆廷请靳埭强先生特别设计了一套纪念品以记录这历史时刻。作品的构思表现母与子心连心、手牵手的意味。借用佛家的美学而塑造两只一大一小的手，叠合成手相牵造型，将两手分开即变成精美的小容器。

三、校考真题与课题拓展

（一）课题练习

内容：单形元素（手的视觉化想象）。

尺寸：8开。

作业量：6个图形。

要求：强调以"手"为元素，形态特征要独特、鲜明；注意各元素组合后在画面中对比、疏密的节奏关系。手法不限，色彩材料不限。

时间：3小时。

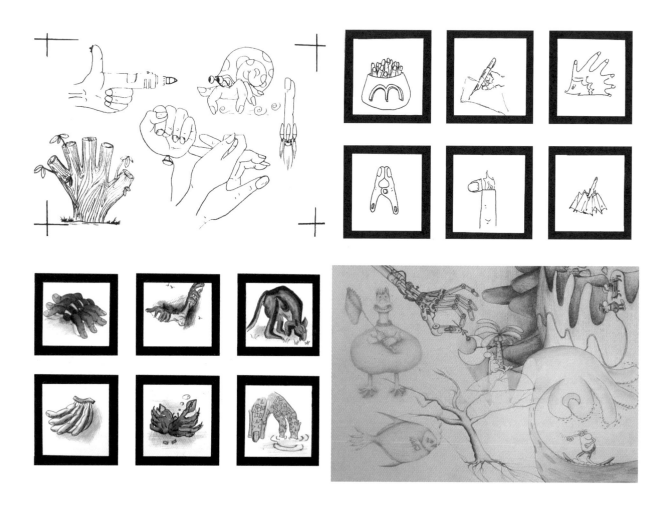

课题练习拓展

内容：单形元素（手的应用设计）。

要求：运用丙烯、纺织纤维颜料在文化衫、桌椅上进行手的图形应用设计，注意载体变化后新颜料的绘制技巧。

时间：3小时。

课堂教学指导作品：刘静、赵亮、宋翔、夏丽等

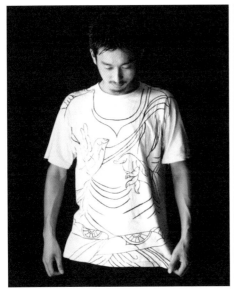
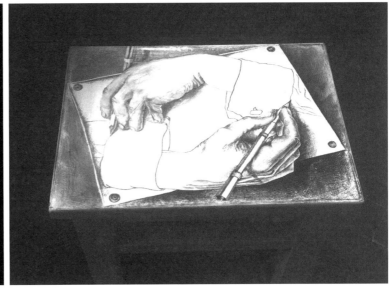

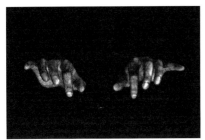
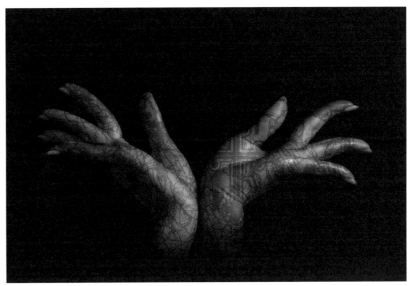

手 摄影

（二）课题练习

内容：单形元素（条形码替换）。

要求：

1.条形码特征明显，图形有创意，绘制精细，

2.8开白卡上5～6例条形码替换。

3.黑白彩色均可，注意画面构图的美观。

时间：90分钟。

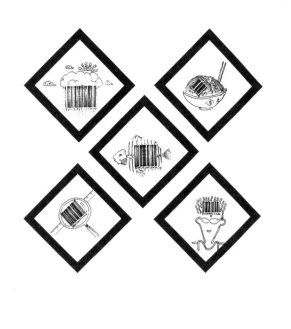

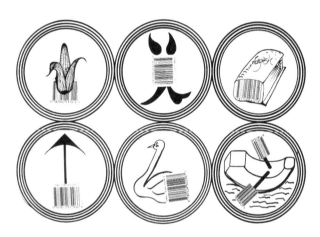

　　自画像是作画者为自己所绘的肖像作品。它再现了作者头脑中的自我映像，不涉及语言表达，能真实表达自我心声，展示了最真实的自己。绘画不但是作画者内心情感的表达和思想的流露，而且还能成为交流的符号……现代艺术家在科学技术的影响和当代哲学思潮的启迪下，创造出前所未有的艺术形式。科学与艺术汇成的革命性力量，突破了观念领域的陈旧框架，获得了真正的解放。

自画像是作画者为自己所绘的肖像作品。它再现了作者头脑中的自我映像，不涉及语言表达，能真实表达自我心声，展示了最真实的自己。绘画不但是作画者内心情感的表达和思想的流露，而且还能成为交流的符号。西方绘画传统中的自画像，于文艺复兴时代为人瞩目。

阿尔弗雷德·丢勒（Albrecht Dürer，1471—1528），德国画家、版画家及木版画设计家。阿尔弗雷德·丢勒是最出色的木刻版画和铜版画家之一。以版画最具影响力。丢勒主要作品有《启示录》《小受难》《亚当与夏娃》等。丢勒的水彩风景画也是他最伟大的成就之一，这些作品气氛和情感表现得极其生动。

丢勒一生中创作过 10 多幅自己的自画像。他常常分析自己的容貌，并将自己的身影和神态显现在自己的其他作品中。丢勒少年时曾追随父亲习艺，对绘画表现出特殊的才能。他的第一幅自画像创作于自己 13 岁还在当学徒时。此时的他已经显现了自己的才华和个人风格，画上写道：
"这幅画像画于 1484 年，此时我还是个孩子。"

右上图是丢勒 1500 年创作的半身自画像，与早期文艺复兴时期的传统肖像画常用的四分之三侧姿不同，作品用的是完全正面，高度对称——这在当时往往只有为耶稣创造的画像才是如此。因此，这幅画被看作是他用自己的肖像创造的耶稣肖像。他没有透露任何表情，头发和胡须的颜色由自己的金色染成深棕色，背景也不是任何当时肖像画中常见的风景，而是非常暗沉的棕色的色调和黑色的背景。画面没有显示任何时代的特征。你看着这幅画，这幅画也正穿越时空看着画家自己。此时他的手在触摸着皮毛——这表明，虽然看似这幅画是在望向画外的你，但是他的精神是指向自己内部的。在眼神投向虚空，而真正的他的心思，是通过抚摸皮毛这一姿势，传达向自己的内在的。在眼睛位置的两侧，丢勒加上了自己的签名和一组注解：
"阿尔弗雷德·丢勒于纽伦堡。我在此描绘自己的彩色肖像，28 岁。"

"欣赏完大师的作品后，我们要进行的第一个练习，就是利用非惯用手画自己。如果你是右利手，那就是用左手画自己。"我在明确这项练习的要求后，得到的第一个反馈便是同学们的满堂大笑。他们觉得这是一件非常有趣的难事。但当画面效果出来时，本以为的"涂鸦"却往往出乎他们的意料。

其实这样做并不是为了比之前画得更好，而是尝试摒弃娴熟的技法和逼真表现的追求，帮助我们获得全新的线条和形态，创作出夸张而且充满趣味性的作品。我们会看到一些意外的效果，虽然稚拙，但面貌全新。因为是要求用松散、粗犷的铅笔或水笔线条画出草图，所以不必太过频繁对形状、错误进行修整，放手去画。在绘画时，如果我们习惯于运用特定的记号和透视法，那么作品虽显技法娴熟，但缺乏想象力。记住那些稚拙的线条，并在想要改变自己的记号或者作品时运用它们。非惯用手能够帮助我们找到以往截然不同的线条和形态。

美国加利福尼亚大学的艺术教授 Betty Edwards 就曾尝试用非惯用手绘画，她觉得"这是一场左右脑之间的战斗"，可以能够帮助我们尝试转换思考模式。这种以绘画思考的方式开发右脑、激发创造力的课程，受世界 500 强企业认同，并被纳入企业创意培训课程中。而我们学习设计的过程实际上就是重新观察这个世界、重新理解这个世界的过程。

学生用左手画的自画像

教学作品　路璐

所有的想象力都是建立在对客观现实的熟悉并了解的基础上的。素描同样也可以用来表现生动有趣的画面。设计学习初期，我们需要学会积累素材，不断临摹写生。平时要做有心人，看到一些优秀的设计素材进行收集整理。类似稚拙的笔法在仰韶文化时期的骨管上也能看到，这是先民受绘画工具和特殊画幅的限制而独有的表现，展现了哭、怒、笑表情。还有河南民间戏曲中的人物脸谱，以生活为根据，做了颇为大胆的夸张，人物角色特征直白地在脸上"纵横于面"。让我们的思维从娴熟、完美的画面上脱颖而出，追求另一种思考和表现。

骨管

河南民间戏曲脸谱

刚刚学设计时，老师通常会安排一些临摹。临摹是一种快速有效的学习方式。设计类图形的临摹并不是单纯追求临摹成与原画一模一样，而是通过临摹学习内在的东西。如用笔方法、线面表现，构图、装饰性纹样、黑白灰关系等。当然作为艺考生，在时间有限的情况下，我们也可以尝试临摹或提取一些元素，然后用这些元素来表达风格相近似的物体。

一、现代艺术对图形形式的影响

现代艺术中的许多流派对图形设计的影响是巨大的，许多设计师把现代艺术中的许多手法在图形设计中加以应用，极大地丰富了图形语言和视觉传播方式，在意识形态或形式上为图形注入了活力。它们有的重形式，有的重观念，有的二者得兼，使图形表达呈现出了极其强烈的风格。

（一）图形的图底关系

图底关系，有时也被称为正负形、反转现象或视觉双关原理。视知觉易将完整的、闭合的、有意义的、优美的图形当作图，反之当作底。"图"给人一种前进、扩张、凸出的张力感，而"底"给人一种后退、内敛、凹进的收缩感。通常情况下，艺术形式的图底关系明确。但共用形的创作是艺术家利用视知觉的不确定性而将这种"图""底"关系矛盾化，造成相互抗衡、相互矛盾的谜语般的视觉效果。

1.共用

共用形是创意图形的一种，它是指两种或两种以上图形完全共用或共享同一空间，或共用同一边缘，构成相互依存的统一体图形。共用形作为一种独特的艺术形式为古今中外的艺术家们广泛采用。

（1）正负反转共用

图底关系中以鲁宾杯最为有名。人们在画面中看到的是人还是杯子，完全要看

鲁宾杯

注视的角度是在图形上还是在背景上，或是看整体还是看局部。由于观点的不同，画面中将分别出现不同意义的内容，即双重意象。鲁宾杯中的人脸因其完整、闭合、向前凸起、扩张而被识别成"图"。作为"底"的杯子本应向后隐退、凹进，此时却因其同样的完整、闭合与易识别性而不安于"底"的角色被推到图形的前景。图和底随时可以转换，都是图形。这就是"互为图底""图底反转"。这种图—底关系的现象，称为"鲁宾反转图形"。格式塔心理学认为，人们感知客观对象时，并不能全部接受其刺激所得的印象，总是有选择地感知其中的一部分。

再如福田繁雄在 1975 年为日本京王百货设计的宣传海报中，就开始借用"图""底"间的互生互存的关系来探究错视原理。作品巧妙利用黑白、正负形成男女的腿，上下重复并置，黑色"底"上白色的女性的腿与白色"底"上黑色男性的腿，虚实互补，互生互存，创造出简洁而有趣的效果，其手法为"正倒位图底反转"。作品中的男女腿的元素，也成为福田海报中有代表性的视觉符号。

（2）轮廓线共用

轮廓线共用是指不同的形象在一定条件下，其轮廓线有共性，它们可以整合起来为一体。这种图形以简练的轮廓线勾画出多种形象，巧妙有趣地表现了主题。毕加索的作品《和平的面容》，以和平鸽和橄榄枝构成了少女头部的轮廓，表达了人类与和平相通相容这一美好主题。

（3）形象局部共用

此类图形中，往往有几个相类似的形象共用一个局部，通过这种组合方式，给人以幽默的感觉，从而引起人们的注意与兴趣。如敦煌三兔飞天藻井图中，三只兔子的耳朵相互借用，简化了图形组合要素。

此图绘制于公元 6 世纪的莫高窟 407 窟藻井中心，在八瓣重层大莲花的圆形花心中，有三只旋转飞奔追逐的兔子。三兔本应六耳，但只画了三只。无论从哪个角度看，每兔都有两只耳朵。这幅藻井图中体现了最早的互联互通概念，三耳组成等边三角形，表现了飞翔的飞天。三兔彼此追随，却永远也追不到对方。三兔与圆心外框自然成趣，而莲花四周环绕飞翔的八飞天和旋动的天花，运动方向与三兔一致，显示了作者丰富的想象力和卓越才智，该设计的艺术造诣之高对现代设计有很大的启发。13 世纪，德法英三国教堂的屋顶浮雕、蒙古游牧人的金属器皿、埃及瓷器都有相同的图案。

（4）形象整体共用

此类图形共用的不是局部，而是整体。整体共用的组合方式，给以人巧合的感觉，也能引起人们的注意和兴趣。如靳埭强先生《韩朝统一》的海报，正看是"朝"，倒看是"韩"，而之间的形象素材是共同的，

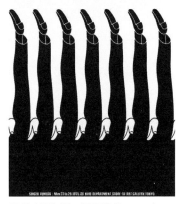

百货公司海报 福田繁雄

《和平的面容》 毕加索

敦煌莫高窟第 407 窟（隋） 三兔飞天藻井图

《韩朝统一》 靳埭强

《昼与夜》 埃舍尔

《UCC 咖啡馆》 福田繁雄

《为什么不能和平？》

表达出双方应以"求同存异"的理念，实现韩朝统一的构想。

2. 共生同构

共生同构指的是形与形之间共用一些部分或轮廓线，相互借用，相互依存，以一种异常紧密的方式将多个图形整合成一个不可分割的整体。这种表现方式在视觉上具有趣味性和动感，起到"以一当十"的画面效果。埃舍尔的《昼与夜》（Day and Night），从左至右渐变交替着白天与黑夜，黑雁与白雁，一切都是这么自然。

运用"图底共用和共生"原理设计的作品赏析。

福田繁雄 1984 年为 UCC 咖啡馆设计的海报，他对搅拌咖啡时的杯中的漩涡做正负纹理交错处理，塑造了众多拿着咖啡杯子的手，并呈螺旋状重复并置，突出咖啡这一主题图形又不失幽默情趣。我们称这种将主题图形分置并列呈现出相互回转展开的动态意味的手法为"放射状图底反转"。《为什么不能和平？》（Warum denn nicht Frieden?）共用的不是局部，而是整体。整体共用的组合方式，不仅给人以巧合的感觉；在白色相同轮廓的造型物下，两种截然不同的物象还给人以鲜明对比之感。设计师想要表达的意图一目了然。

（二）图形的空间关系

20 世纪之后在欧洲和美国出现的一系列的艺术形式，从思想方法、表现形式、创作手段上进行了全面的变革。其中一次是世纪之初到二战前后的现代艺术，另一次是波普运动（20 世纪 60 年代）到现在的现代艺术。这些运动改变了以往西方的科学透视、色彩、解剖等多种传统艺术表现形式。

现代艺术家与图形设计师们不满足于前人们对于自己生存空间的认识，在科学技术的影响和当代哲学思潮的启迪下，创造出前所未有的艺术形式，反映了现代生活的复杂性、多变性和创造性。科学与艺术汇成的革命性力量，突破了观念领域的陈旧框架，使空间的意识获得了真正解放。各项新的空间形式应运而生，表现出新型的图形空间形式。

1. 多视点空间

传统的二维平面上表现三维空间事物，是以视点位置的稳定为条件的。以毕加索为代表的立体主义则以动态为特征，以不同视点对对象各个侧面进行综合，创造出新的形态和新的空间。毕加索所处的时代是爱因斯坦提出狭义相对论的时代。而毕加索的绘画也展示出了从未有过的立体主义空间构成。在那个时代，各种思潮、科学、艺术、文学都在激烈地碰撞、交融。任何一个时代，创作都不是完全孤立的，在惊鸿一瞥背后是那个时代所持有的特质。

立体主义是富有理念的艺术流派，它打破焦点透视法，实现物象多视点的全景共存。它主要追求一种几何形体的美，追求形式的排列组合所产生的美感。改变从一个视点观察事物和表现事物的传统方法，把三度空间的画面描绘成平面、两度空间的域面。明暗、光线、空气、氛围表现的趣味让位于由直线、曲线所构成的轮廓、块面堆积与交错的趣味和情调。不从一个视点看事物，把从不同的视点所观察和理解的形呈现于画面，从而表现出时间的持续性。这样做，显然不主要依靠视觉经验和感性认识，而主要依靠理性、观念和思维。

《格尔尼卡》　毕加索

油画《格尔尼卡》是毕加索受西班牙共和国政府的委托为1937年在巴黎举行的国际博览会西班牙馆而创作的。该画是那个年代一件具有重大影响及历史意义的杰作。它用象征性的艺术手法对20世纪30年代西班牙内战期间德国纳粹空军轰炸西班牙小镇格尔尼卡，杀害数千无辜平民百姓的事件进行了控诉，有力地揭露了侵略战争的罪恶和法西斯的暴行。公牛象征强暴，受伤的马象征受难的西班牙，闪亮的灯火象征光明与希望。画中也有许多对现实情景的描绘。一个妇女怀抱死去的婴儿仰天哭号，她的下方是一个手握鲜花与断剑张臂倒地的士兵。画的另一侧，一个惊慌失措的男人高举双手仰天尖叫；离他不远处，那个俯身奔逃的女子是那样地仓皇，以致她的后腿似乎跟不上而远远落在了身后。这一切，都是可怕的空炸中受难者的真实写照。在这里，毕加索仍然采用了剪贴画的艺术语言。不过，画中那种剪贴的视觉效果，并不是以真正的剪贴手段来达到的，而是通过手绘的方式表现出来的。那一块叠着另一块的"剪贴"图形，仅限于黑、白、灰三色，从而有效地突出了画面的紧张与恐怖气氛。

2. 矛盾空间

第二次科技革命带来社会飞速进步，也带来了 20 世纪画坛上艺术的发展。其中埃舍尔（Maurits Cornelis Escher，1898—1972）的作品像一朵奇花，在科学与艺术的合谋之下，给予人们奇异而又繁复的印象。埃舍尔自学习装饰艺术以来，迷恋上了几何对称性图形连锁重复式的表现形式。通过不断地学习、模仿，埃舍尔开始不满足于仅仅在平面上的视错效果，更是大胆地在三维空间上大做文章，开始了他长期的视错艺术之旅程。

埃舍尔的矛盾空间理论是指在一个平面上，二维空间里，现实生活中并不可能存在的某些事物展现出一种三维立体视觉错误的感受的一种表现形式。埃舍尔的矛盾空间设计原理是利用了人类视线不断转换与交替的特点，使得人们观察时在二维空间的基础上呈现出了三维立体的景象，而这些景象又是模棱两可、来回交替的。

埃舍尔的《瞭望台》中，柱子从下看在后面，从前看又在前面，超出常理又令人震撼。其设计构思完全超出了同时代的人。埃舍尔的矛盾空间所表现出来的景象实际上在现实生活中并不存在。他在平面设计中并没有遵循透视原理的原则，从而使得人们观看时产生光影错乱的视觉感受。随着视线的改变，人们所看到的事物的轮廓也有所不同。他的作品多是矛盾空间理论的展现。埃舍尔矛盾空间理论具有着多视觉观察的特性，由于他呈现的都是生活中不可能存在的事物，因此多应用于艺术学和设计方面。三维立体的感觉可以纳入数学方面的范畴，也可以纳入美学方面的范畴。

《瞭望台》 埃舍尔　　《爬楼》 埃舍尔

3. 超现实空间

"超现实主义"一词即表达一切具梦幻魅力、反叛精神和不可思议的潜意识。超现实主义对图形设计的影响是多方面的，它创造的新方法为我们如何用视觉语言表达幻想、直觉和人的深层意识提供了参考。在超现实主义的空间运用中，透视法不是被刻板地用来再现现实空间，而是被用于表现某种特殊心理的意向。达利的《利加特港的圣母》中，形体的肢解、漂浮，在深度空间中注入了心理的、梦幻的意向。

超现实主义认为在现实世界之外，还有一个所谓的"彼岸"世界，即无意识或潜意识的世界，后一世界比前一世界更真实。强调听从潜意识的召唤，达到"纯精神的自动反应"，作品追求神奇、奇特的艺术效果，充满出人意料的形象比喻。

《利加特港的圣母》 达利

此外，图形设计的空间关系还有将不同时空、不同场景、不同形式、不同形态的人或物共组于一个画面之中，形成统一有序的新空间关系的蒙太奇组合空间等。

二、中国传统经典装饰的再创造

中国传统装饰艺术历经千年，资源丰富。其间留承了像京剧脸谱、敦煌壁画、陕西皮影等经典作品。这些作品风格独特、技巧高超，堪称中国传统装饰艺术的巅峰之作，而受到世界的公认。创作者选用中国传统装饰艺术作品为设计元素，汲取图形设计表现手法，经过临摹认知后再创造，将传统经典艺术发扬光大。

江南大学　杨健波、陶华、夏 丹　引自《新民族图形》

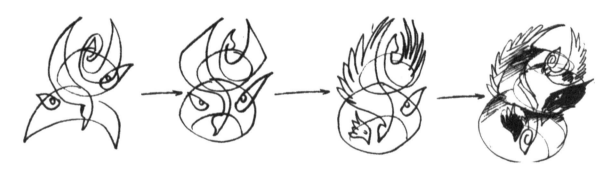

以张飞的形象为原创点，抓住基本形和代表性符号

戏曲脸谱是中国传统造型艺术的经典之作。脸谱以人物的性格特征为依据，借助夸张、象征手法表现人物形象。这种借助观念表现视觉形象的造型手法带人进入奇妙的意向世界。中国的戏曲脸谱经过上百年锤炼，创作技巧已十分成熟、规范。广州美术学院姜今教授就曾以京剧脸谱为原创点进行再创造。江南大学寻胜兰教授则从民族图形的意境、神韵和形式表现技巧上训练研讨，大胆尝试进行新民族图形再创造。在进行戏曲脸谱再创造时，她指导学生认真研究脸谱的表现形式，尽力了解每张脸谱符号的内涵，了解角色与脸谱语汇的关系。新民族图形作品"汲取传统，再现时尚"。

三、校考真题与课题拓展

（一）课题练习：头像替换

内容：以自己或某位名人为原形，进行头部形态替换。可尝试拟仿成不同人物角色。

要求：

1. 8开白卡上6例头像替换。

2. 从6例头像中选择你最喜欢的一张，在16开画纸上进行深入刻画。

时间：2小时。

课堂教学指导作品：自画像6例 杨玉贤、张子悦；头像替换 柳洁璇、张雨浓、周蕴茹

喜欢"宅"在家里的鄂靖怡同学最大的爱好是玩手机。但她也知道这样的生活方式不可取。所以她在作品中加入了一点"警示"寓意：手机浏览的信息震碎了眼镜，寓意着一直玩手机对视力的影响；脑后的蜘蛛网寓意如果一直宅在家中会发霉长蜘蛛网。这幅作品很好地体现了当下青年人的某种生活状态，也给人带来思考。

霍婉妮同学将美食元素和头发线条相结合，一种"飞流直下三千尺"的感觉。简练的线条很好地表达了作者的绘画意图。

（二）课题练习：经典风格再创造

内容：中国传统装饰艺术历经千年，资源丰富，其间留承了像京剧脸谱、敦煌壁画、陕西皮影等经典作品。这些作品风格独特，技巧高超，堪称中国传统装饰艺术的巅峰之作，而受到世界的认可。从现代艺术对图形设计无论从形式还是观念，图底还是空间的表达中，我们获益良多。

请从上述艺术作品中，找寻你喜欢的经典风格，结合"自画像"进行组合表达。通过汲取经典风格，运用现代设计手法进行图底关系、空间组合的表现。

画幅：8开白卡，1例自画像表达。

要求：画面构图横竖均可，黑白技法表现为主。

时间：3小时。

庄雨曦同学借鉴了创意图形中共用的表现方法，令花木兰强健女战士和柔美弱女子的两种不同造型的头部共生。画面汲取了中国传统皮影戏、京剧花旦以及剪纸中的元素。线条运用流畅，点线面布局合理，黑白灰层次分明，画面具有极强的装饰性。同时该画也展现了庄同学细致的画面表现能力。

黄一的作品汲取了中国传统戏曲脸谱的元素，对人像和脸谱进行了夸张、抽象叠加的处理。画面中的点线面穿插合理，黑白灰关系运用得当。

吴雨桐的作品运用了中国传统剪纸元素，画面虚实处理得当，细节丰富，表现手法细腻。

汪亦玄的作品运用了俄罗斯套娃的表现形式，结合了超人和蝙蝠侠的元素，使画面活泼有趣。作品寓意不要把自己层层包裹封闭起来，要找到本真和自我，敢于突破，做自己的超人。

朱欣妍同学的作品展现了作为"吃货"的自己。画面中的人物和美食元素相得益彰，被处理得十分活泼、时尚。黄色的圆形背景加上刀叉的元素，不但丰富了画面，更突出了主题。

在朱周灵同学的作品中，"夜晚""森林""月亮"这几个元素使画面充满了一种神秘的悲凉色彩。大面积的黑白对比，多物象空间穿插，勾画出了一个带有忧郁气质的孩子。

王子琪同学的画面充盈着中世纪的魔幻色彩，意图描绘再生的自己。画面用线流畅细致，风格柔美而富有特色。

李晨曦从画家居斯塔夫·莫罗题为《抱着俄耳甫斯头颅的色雷斯少女》的作品中受到启发，画出了大胆的自己。作者绘画功底扎实，通过画面寓意要和过去的自己告别。

唐睿同学完成这幅自画像的时候，把自己戴眼镜的特征以及喜爱的水果——柠檬融入画面，给人一种"鲜活的""爽快的"清新感。画面黑白灰关系运用大胆，点线面元素也运用丰富，特别是很好地抓住了作者本人"瘦瘦高高"的神韵。

周莉同学借鉴江南大学以中国传统造型艺术的经典之作——戏曲脸谱为原形，在木板上进行人脸错位、分割、重构的表现，色彩绘制具有极强的装饰性。

设计基础

构成基础等实践与应用

构成演绎

装饰艺术的表现是诸多因素的集结；在这些因素的组合中，"装饰色彩"显得格外突出。色彩以先声夺人的优势首先映入眼帘，激发人们的美好情感，引发人们的愉悦心情……装饰色彩的表现受主观情感表达支配，有一定的格式与主观性。装饰色彩不是客观色彩的真实写照，它带有个人独特的色彩审美意识与情趣表达，是设计者的内心世界真实情感的自然流露。这种个性化的主观表达，是由深厚的色彩理性基础与独特的心理认知、人生阅历和思维方式决定的。

装饰艺术的表现是诸多因素的集结，在这些因素的组合中，重点是装饰色彩。色彩以先声夺人的优势首先映入眼帘，激发人们的美好情感，引发人们的愉悦心情。与写实色彩相比，装饰色彩的效果主要取决于各种属性的恰当运用和巧妙发挥，诸如色彩的冷暖、轻重、进退、深浅、鲜灰等所造成的不同的视觉效果，色彩的面积变化产生的不同色彩感觉，夸张、变色出现的多样风格与形式。此外，对色彩生理与心理功能的理解和把握，也是取得色彩表现力的一个重要的因素。

一、色彩基本术语

（一）颜料三原色、间色和复色

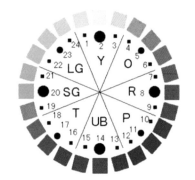

颜料三原色、间色和复色

色彩中不能再分解的基本色称为原色。原色可以合成其他的颜色，而其他颜色却不能还原出三原色。颜料三原色（减色法三原色）为品红（明亮的玫红）、柠檬黄和湖蓝。间色是由两个原色混合所得，即橙、绿、紫。复色是由两个间色或一种原色和其对应的间色（红与绿，黄与紫，蓝与橙）相混合所得。复色必然包含所有原色成分，只是原色间比例不等，从而形成了红灰、黄灰、绿灰等灰调色。

（二）色彩三要素和色立体

色相是每种色彩的相貌，明度是色彩的明暗差别，纯度是各色彩中包含单种标准色的成分多少的度数。色相、明度与纯度特征是构成众多色彩关系的主要因素，所以在色彩学中称为"色彩三要素"。

色立体是一种将色彩三要素用三维关系来表示的色标模型。PCCS色彩立体模型由日本色彩研究所研制，于1965年正式发布，强调以色彩的色相与色调来构成不同的色调系列，便于色彩搭配与使用。

此系统与美国孟赛尔色立体模型有类似的标志方法，但其分割比例和级数不同。

同时吸收了德国奥斯特瓦德色立体模型的一些可取之处。

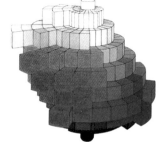

PCCS 色研色立体　　　　　　　　　　　　　　孟赛尔色立体

（三）互补色、对比色、邻近色和同类色

配色的一般规律为任何一个色相均可以成为主色（主色调），与其他色相组成互补色关系、对比色关系、邻近色关系和同类色关系的色彩组织。首先通过图示直观理解色点间关系的分类，然后再详细地分析不同关系的色调组合在一起的色彩视觉、心理效果。

1. 互补色关系

在 24 色色相色环中彼此相隔 12 个数位或者相距 180 度的两个色相，均是互补色关系。互补色结合的色组，是对比最强的色组，具有一定的视觉刺激性、不安定性。如配合不当，容易产生浮夸、急躁的效果。因此要通过处理主色相与次色相的面积大小，或分散形态的方法来调节、缓和过于激烈的效果。下图是按蒙德里安画面构图进行一组红蓝、黄紫互补色对比的色组，适当调整补色面积，并以白色填入，黑色勾勒轮廓，调和了原本互补色强烈的对比关系，使画面既绚丽又安然。

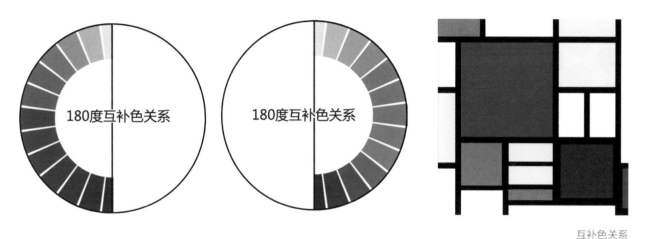

互补色关系

2. 对比色关系

色相环中相距 135 度或彼此相隔 8 个数位的两色，为对比色关系，属中强对比效果的色组，色相感鲜明活泼。配色时，可以通过处理主色与次色的关系而达到色组的调和，也可以通过色相间秩序排列的方式，求得统一和谐的色彩效果。右图属中明调，正是这种秩序排列形式的应用。

对比色关系

3. 邻近色关系

色相环中相距 90 度，或者相隔五六个数位的两色，为邻近色关系，属中对比效果的色组。色相间色彩倾向近似，冷色组或暖色组较明显，色调统一和谐，感情特性一致。右图为黄绿调色组，是明色调邻近色对比关系。

邻近色关系

4. 同类色关系

色相环中相距 45 度，或相隔两三个数位的两色为同类色关系，属弱对比效果的色组；右图同类色色相主调十分明确，是协调、单纯的色调，组成恬静柔美的效果。

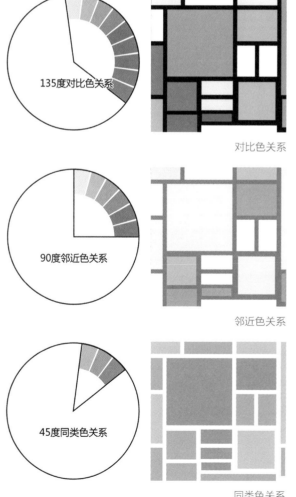

同类色关系

色标制作　王莺　　　　　　　　　　　　互补色　金春燕

同类色　　　　　　　　　邻近色　　　　　　　　　对比色　洪洧露

二、色彩的生理与心理功能

色彩学涉及多学科有关内容，色彩的功能主要包括生理与心理两大方面。

（一）色彩的生理功能

色彩的生理反应主要体现在错视与幻觉，并由此产生的直接联想。生理学家证实，肌肉机能和血液循环在不同色光的照射下会发生变化，蓝光最弱，随着色光变为绿、黄、橙和红而依次增强。类似的生理反应主要表现在色彩的膨胀与收缩，前进与后退，轻与重等感觉方面。而色彩感觉是视觉与色光综合作用的结果，如交通信号灯中采用红、绿灯，原因在于色光本身的波长不同，对大气的穿透能力也有强弱之分，红光最强，绿光居二。

1. 胀缩感

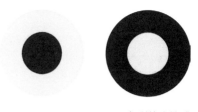

色彩的胀缩感

右图中相同直径的圆，紫色圆中浅黄点看上去要比黄色圆中深紫点来得更大些。因为波长长的暖色光与光度强的色光对眼睛成像的作用力较强，人眼在接收这类光时产生扩散性，造成成像的边缘线出现条模糊带，产生膨胀感。而波长短的冷色光或光度弱的色光则成像清晰，对比下有收缩感。再如，由红白蓝三色并置组成的法国国旗，看似三色面积等大，实则是把三色宽度比率调整为红：白：蓝 =33：30：37。

2. 进退感

色彩的进退感

等大纸上同样大小的蝴蝶，蓝底上的黄蝶明显地觉得在纸的上面，而黄底上的蓝蝶似乎在纸的下面。造成各种颜色产生前进或后退的感觉，是人眼晶体对色彩的成像调节所致，波长短的暖色在视网膜上形成内侧映像，波长短的冷色则形成外侧映像。进退感错觉现象还可由色性、纯度、明度、面积等多种对比造成。

3. 轻重感

色彩产生轻重的感觉有直觉的因素，主要原因还在于联想。看见黑色会联想到铁、煤等富有重量感的物质，而白色会联想到白云、雪花等质感轻的物体。通常明度高的色会感觉轻。色相的轻重次序排列为白、黄、橙、红、中灰、绿、蓝、紫、黑。颜料中的透明色比不透明色感觉轻，着色时厚涂比薄涂感觉重。

4. 奋静感

不同色彩使人的视觉产生兴奋与安静的感觉，引起相应的情绪反应。暖色，明度和纯度高的色彩，对人的视网膜及脑神经刺激较强，会引起生理机能的加剧，促使血液循环加快，让人兴奋。而冷色，明度和纯度低的色彩一般会造成沉静。奋静感的色彩表达，是色彩三要素和色性等综合作用的结果，对色彩气氛和意境有紧密的关系。创作主题确立后，在进行色调及构成表现时，奋静感是必不可少的思考因素。

（二）色彩的心理效应与象征

色彩的心理功能是由生理反应引起思维反应后才形成的。人们因为受到年龄与经历，性别与情绪，民族与环境，修养与审美等多种因素影响，对色彩的心理感受各不相同。

色彩的象征是由联想经过概念转换后形成的思维方式。世界各国、各地区都有其独特的约定俗成的色彩象征。我国自古以来就有色彩象征性手法的运用，如五行五色说，四灵中苍龙为东、白虎为西、朱雀为南、玄武为北，中央是天子为黄，等等。

色彩	视觉想象	联想与象征	
	国旗、红领巾、火焰、烈日、鲜血、玫瑰	喜庆、革命、热情、兴奋、活力、生命	危险、紧迫、炎热、愤怒
	火焰、橙子、鲜花、金子	运动、青春、时尚、欢乐、甘美、明朗、华美、富贵	冲动、焦躁、嫉妒
	麦田、向日葵、香蕉、柠檬、光明、月亮、帝王、菩萨	明亮、温暖、幸福、希望、权力、信仰	提高警觉、警示
	青山绿水、大自然、树叶、植物、蔬菜、青苹果	生命、成长、健康、环保、新鲜、升级、年轻、希望	消极、嫉妒、怀疑
	蓝宝石、IT 行业、星空	聪明、理性、智慧、创造	与世隔绝、孤独、冷漠
	海洋、天空、纯净的水	永恒、平静、理智、严格、理想、无限	孤立、苛刻、严肃、忧郁、消极、冷淡、薄情
	紫罗兰、薰衣草、葡萄、紫水晶	高贵、优雅、独特、灵性	犹豫、忧郁、消极
	夜晚、礼服、乌鸦、死神、药材	神秘、高贵、厚重、刚健、坚实、严肃	犹豫、绝望、恐怖、邪恶、不安、死亡、苦涩、阴沉
	鸽子、白兔、浮云、天鹅、牛奶、冰砖、白纸、医院、宾馆	纯洁、干净、圣洁、光明、和平、纯真、神秘、禅意	惨淡、哀怜、冷酷
	乌云、青丝、黛瓦、草木灰	谦逊、温和、中庸、高雅	犹豫、荒废、平凡、死灰、沉默、阴森

装饰色彩的表现受主观情感表达支配，有一定的格式与主观性。装饰色彩不是客观色彩的真实写照，它带有个人独特的色彩审美意识与情趣表达，是设计者的内心世界真实情感的自然流露。这种个性化的主观表达，是由深厚的色彩理性基础与独特的心理认知、人生阅历和思维方式决定的。

三、校考真题与课题拓展

（一）课题拓展：自然彩的色化构成系列练习

装饰色彩的表现要符合创作主题的要求，充分体现色彩主观情感表现的美学原理，需要根据内容与形式的需要，打破正常客观色彩变化的规律，重新安排组织色彩的新秩序。在已有的色彩写生练习基础上，我们围绕装饰色彩的表现进行一组基础练习。此组练习借鉴了冯健亲教授领衔、多位专家深入研究的南京艺术学院色彩教学体系中装饰色彩的基础练习方法。

1. 内容：色彩空间混合练习

在理解"自然色彩"的形式与变化规律的前提下，选取一些有较好色彩秩序的自然景观照片为范本，用构成的基本方法进行记录。把自然界中的色彩关系，包括组成这些关系的颜色群的状态、面积、色量、色彩配置样式等相互作用进行固定化的记录，使暧昧模糊的"彩"的信息成为清晰稳定的"色"的组构，同时又保留其自然秩序的组合关系。

尺寸：8开。

时间：1.5小时。

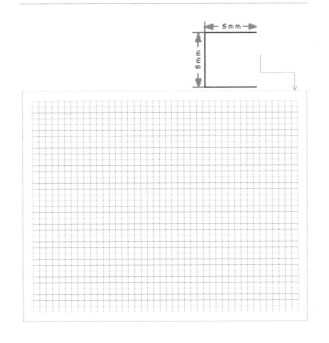

步骤：

（1）构图：8开白卡左侧贴原图，右侧留与原图等大的空间混合绘制区域。

（2）右侧相应绘图区域上打出以0.5厘米见方的方格，再在原图照片上打出长和宽相对应数的方格。方格的大小视相片的大小、复杂程度而定。

（3）将对应的色彩——分析后逐格填出，一方格为一种色相。

①先画画面主导色，再画次要色及点缀色。

②色相保持一定纯度，如过灰达不到"分割"意图。

③相邻色彩不能过于接近，至少要在三要素的一个要素上拉开一定距离。在不乱不花的前提下，既可能多地发现颜色，促使自己在视觉空间混合的一曲中，体验色调形成的内部构造。

此练习帮助我们理解自然界色彩的渐变与转化语言，并按其规律分割所含的成分。不同于点彩画法，关键在于分析自然色彩的成分。

可能产生的问题：

　　在色的繁化过程中，按小方格填颜色，轮廓效果类似十字绣，画面容易生硬。且这种方式不能较好地表现特殊形态。可以在形体曲线较为复杂的方格内再进行有规则的小切割，如对角线的划分，十字线划分。

　　在繁化中，画面容易变"乱"。这种"乱"不是指颜色种类多，而是在数量上失去比例而过于平均。所以在绘制过程中要保持一定的面积比例，同一种色相的颜色可以在不同位置格子中一次填出，逐色完成。

　　2. 内容：九宫格配色

　　　　要求：继刚刚进行的色彩空间混合练习基础上，在同等比例大小的方格内，将图形划分为 9 个方格，每个方格内控制填 3 ~ 5 套色，9 个方格内的色彩又基本做到各不相同。整个图形就可有 27 种颜色。这么多色相既要统一又要有变化，因此配色有一定难度。

　　　　尺寸：8 开。

　　　　时间：1 小时。

　　链接：九宫格装饰构图请参照本书"化茧成蝶"中国图案的规矩之美——九宫格。

　　课题分析：九宫格配色更应予以着重注意。刚开始同学会一个一个局部凑出来，很难形成整体色调，建议先在每格中填出一两种颜色，确定大的倾向，有整体性布局，然后再逐步扩展，并保持全面开花的局面，直至填满所有色块，最后再进行必要的调整与修改。

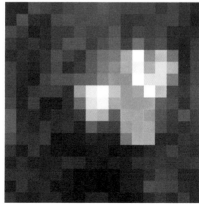

（二）课题拓展：装饰色彩临摹练习

　　掌握装饰色彩要善于将科学的逻辑色彩与感性的主观色彩合理运用，有机组合。同时，还有对古今中外优秀的装饰色彩进行深入的吸收和借鉴，掌握装饰色彩的变化规律。刚进行装饰色彩表达时，可结合课时量，适当增加装饰色彩临摹练习。

　　1.内容：从彩陶、青花、粉彩瓷中选1～2款进行临摹描绘。

　　要求：

　　（1）陶瓷比例准确，并掌握吉祥纹饰的寓意精髓；

　　（2）彩绘、套色不限；

　　（3）临绘时结合制作工艺、材料与功能等因素思考陶瓷的装饰配色；

　　（4）经过提炼概括后的画面色彩尽可能还原陶瓷的色彩特征。

　　尺寸：8开。

　　时间：2.5小时。

课堂教学指导作品：
王丽、戴双云、陶婷婷等

2.内容：色彩肌理技法制作练习 。

肌理又称质感，是物体表面的纹理。由于物体的材料不同，表面的组织、排列、构造各不相同，因而会产生粗糙感、光滑感、软硬感等不同视觉和触觉感受。通过对不同色彩工具材料与肌理制作方法的认知，让色彩的表层结构产生各种质地与纹理等效果的视觉形式。结合装饰色彩的临绘，通过具体的视觉联想而引起各种不同的心理反应。

表现各种肌理效果的材料与技法很多，如水性材料的融合渗化及防染性能的斑斓淋漓，油性材料的黏稠厚重，粉质材料的绒质亚光，金色、银色及多种光泽色的闪耀折射，等等。每种材料又由于着色的步骤、轻重、缓急、方向等的不同，形成无数种视觉效应。有时也可靠抛滴、火熏、拼贴等方式获得许多意想不到的奇妙肌理。而一些极为简单的工具材料，如各种铅笔、炭笔、油画棒等也能获得惊人的效果。

尺寸：8开。

时间：1小时。

  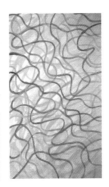   

此练习只是习作，不受具体外形的限制而可以自由地发挥。但在实际围绕主题创作运用时，我们由于要受到特定目的束缚与物象形体的限定，就不能如此随意。

  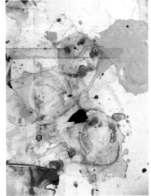 

南京艺术学院课堂教学作品

3.内容：结合色彩肌理技法进行的装饰画临摹描绘。

装饰色彩用色有限，但层次极为丰富。装饰图形的色彩基本是重复套用，多种色彩相互交叉换位，反复出现在画面中的不同位置，形成多变的色彩关系。冷色围绕暖色、明色托暗色，图形与背景色彩的互用都给装饰造型在视觉上求得整体色彩的和谐与变化创造了条件。有限的色彩，平衡的分布，色彩的反复出现、交错互换使画面效果既统一又有变化。

装饰色彩可以借鉴自然色彩，但不是对自然照搬，更不是对自然色彩的模拟与再现。如将自然界中的色彩适当保留，进行相应的归纳、简化处理，在无形中增加了情感因素，给人以想象的空间。装饰色彩采用添加、取舍、平衡的设色方法，突出浪漫想象的虚构色彩，使色彩更富表现力。

尺寸：8开。

时间：2～3小时。

课堂教学指导作品：王莺

王莺同学所临绘的三幅色彩装饰画，分别选用花卉、动物、静物为表现内容。花卉用了类似点彩的肌理制作方法。对于斑斓绚丽的彩鸡，创作者以色彩归纳的方法，分别将橙色、蓝色按明度往鸡冠上方、脖颈处逐层推进，缓和了画面补色关系的强烈对比。绘制精心，用心，细心。第三幅中拴在桅杆上的麻绳，拟仿粗糙的肌理质感，与后面木纹相映成趣。

　　学生通过加强对形态各异、各彩绚丽的花卉的塑造，有利于提升自身的色彩表现能力。植物花卉的归纳色彩表现将中国画的没骨画和西洋画的光影造型融为一体，并与设计色彩的呈色工艺手法（分版套色）特点有着密切的联系。这种方法有程式化的色彩处理及画法的特点，可以有效地锻炼作画者的整体观察和主观构想能力，有较强的实用性。

一、植物花卉类装饰画

（一）植物花卉类的装饰色彩

　　学生通过加强对形态各异、色彩绚丽的花卉的塑造，有利于提升自身的色彩表现能力。植物花卉的色彩表现将中国画的没骨画和西洋画的光影造型融为一体，并与设计色彩的呈色工艺手法（分版套色）特点有着密切的联系。这种方法有程式化的色彩处理及画法的特点，可以有效地锻炼作画者的整体观察能力和主观构想能力，有较强的实用性。

面料图案

刺绣图案

　　首先应从造型的角度抓住花朵的外形及其体积构造的基本特征。接着在色彩归纳中，以尽可能少的颜色种类去表达对象，争取在这种限制中寻找出规律，以获得一种新的表现自由。

　　影像重叠法：只勾出物象的外轮廓，平涂后呈剪影效果。在一幅写生中可以用多种颜色表现不同部分的外形。影像法适宜于表现外形特征显著的花型，要注意前后层次重叠后的关系，在叠让、疏密、藏露、对比中增加画面的装饰效果。

　　明暗归纳法：将对象明暗对比扩大，强调其光影效果，并将色彩压缩为套色关系。这种方法适于表现内外构造丰富的花型。

　　先平后提法：根据对象确定画面色彩基调后画出底色，再以接近底色调子的中间色画出一两个层次，然后根据对象的主次与虚实，进一步提亮加深。所谓"先平后提"是通过先画中间层次再提亮加深以增强色块对比，塑造花型体积感和层次感。

　　色块勾线法：用线勾出轮廓及结构关系，再平涂色块；亦可先涂色块而后勾线。线可以有粗细、曲直的变化。线的色彩应根据画面色调的需要而定，可与画面色调相统一，也可以是对比的色线。

　　植物花卉类的装饰色彩方法并不仅仅局限于此，上述几种画法多为常用的入门画法。在一幅画面上，多种手法结合运用，也能获得独特的效果。

学生以色块勾线法临绘的青花瓷纹饰

（二）植物花卉类的装饰法则

植物花卉类装饰法则可向传统图案造型学习，按其构成形式大致可分为单独纹样、适合纹样、连续纹样等。其中适合纹样是指受到一定外形轮廓所制约的图案，具有严谨适形的艺术特点，是应用最广泛的图案造型。

1. 角适合纹样

考题链接：吉林艺术学院 2018 年设计类创意思维（色彩表现）校考考题。

以图中提供的花卉素材为主体元素，完成一幅适合纹样设计。

考试要求： 1. 在 25cm 的等边三角形内进行设计。 2. 画面色彩不得多于六种（黑、白色除外）。3. 绘画材料仅限于水粉（广告色）颜料。4. 限用水粉、水彩、马克笔表现。

画幅尺寸：24cm×30cm。

考题分析：所谓"适合"，就是让纹样形象"屈就"在某种几何形体中，如圆形、方形、三角形等。本命题中要求完成的是角隅适合。

中国古代图案中的适合纹样变化非常多，形式美，构图巧。小的像汉代带钩上的小扣、瓦当，大的像藻井。初学适合纹样，不宜臆造，应从中国传统图案中吸取前人的创造技巧和格式，善于分析构图内在结构，通过临绘更好地认知不同图案的表现方法。

课堂教学指导作品：青花瓷盘绘制　吉尧东、陈玥尔（丙烯、油性笔、白色瓷盘）
　　　　　　　　青花瓷盘纸本绘制 史佳灵（水粉、白卡）

对于此题型，学生要了解变形对象——花、叶、茎的构成。植物花卉类的枝干作为植物的承托和结构部分，是植物的主要脉络。在装饰画面中，这些枝干起到了整体布局的组织作用。在创作过程中特别要注意不同植物呈现出不同形态的特点。花头是植物最美丽、最核心的部位，是装饰中最常表现的题材。植物的叶子也备受人们喜爱；在装饰中，叶子的形态、叶脉、叶柄也是总被表现的部位。

在植物花卉装饰色彩表现中，通常有以下两类问题：一种是概括取舍得不够，造成形体琐碎，色彩杂乱，与自然对象拉不开距离；另一种是不敢用色，色调效果单调贫乏。实际上综合这两种倾向，取其中间状态即可得到理想效果。还有初学者在同一幅画面中，用不同方法分别对待花朵、枝叶、背景，以至形成不协调的凑合，不伦不类之感。在技法处理上必须明确形式特点的一致与协调，坚持根据对象的总体特征去选

敦煌莫高窟华盖（盛唐）66窟　霍熙亮 李复临

色彩素材直接运用角适合图形示范

择或创造相应的表现技法，既不能胡乱拼凑，也不必墨守成规，以免落入俗套。

2. 方适合纹样

考题链接：吉林艺术学院（吉林省内考点）2018年设计类创意思维（色彩表现）试题。

以图中提供的花卉素材为主体元素，完成一幅适合纹样设计。

考试要求：

1. 在 22cm 的正方形内进行设计。

2. 画面颜色不得多于六种（黑、白色除外）。

3. 绘画材料仅限于水粉（广告色）颜料。

4. 纹样的内部结构与外形巧妙结合。

5. 画面不能出现任何文字，不能出现与考题提供的元素无关的内容。

6. 自主完成试卷，不得抄袭、临摹他人作品。

时间：3小时。

方适合纹样设计 2 例

考题分析：适合纹样设计

植物花卉是日常生活中最常见的景物之一，在文学作品、建筑软装、服饰设计中都有对花卉图案的广泛应用。花卉图案寄托了人们的美好愿景，逐渐形成一种文化。此命题中要求完成的是方适合纹样设计，是将图案素材经过加工变化，组织在方形轮廓线内。

供养菩萨（西夏）328 窟　段文杰临

色彩素材直接运用方合适图形示范

本节中的几幅范画是色彩素材直接运用的案例，选取敦煌莫高窟华盖、供养菩萨画像中的色彩，直接提取六种颜色（含黑色）运用在创作的图案线稿上。色彩素材直接运用要与具体的创作设计意图相结合，服从于形象的要求。创作者往往需要在总的色调要求下进行处理，因为色彩运用后的效果会与素材面貌有一定距离。

二、风景装饰画

风景装饰画主要是对人物、动植物、山川河流、房屋建筑等自然、人物景观的综合描绘。与花卉、植物类不同，风景装饰画有地域性和民族性。山川河流、房屋建筑因不同地域变化很大，在进行风景装饰时要选择有情趣和生活化的景物。

（一）风景的装饰色彩

风景装饰画的色彩表达可以借鉴自然色彩，但不是对自然照搬，更不是对自然色彩的模拟和再现。自然界中的蓝天白云、青山绿水如果将它们呈现的色彩完全挪至画面，也就失去了装饰的特性。如果将它们适当保留，进行相应的归纳、简化处理，在无形中增加了情感因素，使色彩更富表现力。装饰色彩也是从整体观念出发，打破客观色彩的束缚，突出主观随意、浪漫想象的虚构色彩，增加色彩的装饰性和单纯性。

平面画法：平面画法是没有光影和体积的平面表现，单纯以色彩平涂画面，没有繁杂的笔触，是单纯的色块。

装饰色彩的许多表现方法与技法都是在单线平涂基础上派生与发展起来的，它起到承上启下的作用。两种制作方法，即先勾好线再填色，或先涂色块再勾单线。单线平涂中的线，大都用一种颜色勾。最常用的是黑色，也有用灰色、白色和光泽色的。这些色彩既能使配色协调和谐，还具有非常明显的装饰性。另外，还有假金色、蓝灰色及用几种不同的色线分别勾画的。勾线时要考虑到画面色彩的基调。

限色画法：装饰色彩在设计应用时，多要通过工艺制作来完成。一定的工艺制作条件或工具材料都将对表现方法形成相应的制约。而在制约条件下充分发挥工艺制作工具材料的特性，又可产生新的表现方法与效果。

装饰画法：装饰色彩的构成与写实主义的色彩有很大区别。作画者可改变自然色彩的特定结构，为了画面整体结构的需要，为了使内容与形式整体合一，而主观地进行画面色彩组合。这种组合主要利用上下照应、左右对称、三角构成、对角构成、散点构成等方式形成画面色彩的内在联系，最终使画面达到平衡、稳定与协调的效果。

课堂教学指导作品：俞苏星

课堂教学指导作品：赵君豪、孙俊磊

（二）风景的构图法则

　　风景装饰画的变形通常忽略自然中的真实情景，而把需要的素材如不同的山峰、不同的河流集中起来组织变化。画中的比例可以是失调的，黑白灰关系可以根据需要来设计。风景装饰画变形要注意空间分布的均衡性，形的排列、错叠、交叉、对比和虚实，同时要考虑到风景图案的意境塑造。常见的构图方式有层叠式构图、展开式构图、散点构图等。

尤利亚风景水彩画与鲁迅美术学院学生风景装饰画（习作）风格对比。

　　鲁迅美术学院田喜庆教授在多年的教学实践中，创设了一套装饰造型的转化程序，不仅适用于人物、动物造型表现，同样可用于风景画构图表现。这种形式转换，是把具象的物象更新为装饰形态，并把这些装饰形态重新组合在一定的骨架形式中，进行装饰造型规律组合。通过装饰造型中秩序化体现，把改造的装饰艺术形态组织得条理清晰，层次分明，从而使装饰造型的美感得到很好的表现。

鲁迅美术学院　田喜庆教授作品

在对风景构图、色彩装饰有所认知了解的基础上，我们以东华大学 2018 年美术类专业考试试题基础设计（彩色图形创意）校考考题为例，展示风景装饰画的设计绘画过程。

考题链接：《中国古典建筑》装饰性主题创意设计

内容：围绕《中国古典建筑》主题与提供的参考摄影作品，运用形式美法则，在尊重原作品角色、意境的基础上，根据自己对作品的理解，对摄影作品中角色的形态、周边氛围进行有效的素材添加并以装饰性艺术手法创意设计。

要求：

1. 统一横构图，构图有创意，具有一定的装饰意境。

2. 在 8k 纸上，20cm×20cm 以外不得有任何设计说明、符号、文字等，否则视为废卷。

3. 色彩表现，以水彩、水粉为主，其他色彩工具不限。色彩大于 5 种（含 5 种颜色），装饰性技法与风格不限。

时间： 150 分钟。

课堂教学指导作品

设计草图

左图把照片素材中的湖面以及倒影用横向的波浪线进行分割，把建筑以及拱桥用纵向的直线进行分割，最后把纵向的直线和横向的曲线结合起来，做到了对画面中元素的分割与重组。同时突显出古典建筑的特点，比如建筑房顶的特征。整个构图体现出了"流动性"，让中国古典建筑的美感跃然于纸上。

右图围绕照片素材，运用黄金分割律，以画面中的拱桥为中心，让线条呈旋涡状发散状态，以此为框架，将建筑元素融入画面。画面中建筑的地方堆叠较为集中，湖中建筑倒影则是比较虚化的处理，画面疏密有致，很好地体现了整体环境和周边氛围，同时加入一些装饰图案，突出了中国古典建筑的特点。

通过临摹、记录，摄影资料与色标资料为设计资料提供色彩素材的间接运用，运用时不受具体创作与

课堂教学指导作品

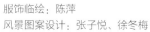

服饰临绘：陈萍
风景图案设计：张子悦、徐冬梅

①从色彩素材中提炼色标；②风景草图；
③确定主色调，用大色块作底色；④做肌理效果，画面调整。

设计的局限，用途十分广泛，回旋余地较大。但一般在运用时要做不同程度的归纳、概括与提炼的整理。围绕东华大学考题的两张风景装饰画，构图方式接近，色标也是在同一件服饰上提炼的。可由于提炼色彩取舍不同，最后在画面成像上出现截然不同的视觉效果。色彩装饰运用要与具体的创作设计意图相结合，服从于形象的要求。学生往往需要在总的色调要求下进行处理，因为色彩运用后的效果会与素材面貌有一定距离。

以上幅组图为例，色彩上选用以红黄蓝色为主的系列颜色，配合墨绿及黑色，使用这些高纯度、低明度的颜色，表现出强烈的色彩对比。整个色彩给人热烈斑斓的效果，极具视觉冲击力。同时大量的深色暗色加入，有效地稳定了整个色彩环境，使画面更多了一份"深沉感"。肌理效果表现也让画面多了一份"岁月感"，把古典建筑的沧桑体现了出来。整个画面做到了"散中有整，鲜而不火"，同时体现了古典建筑浓厚的历史感和情怀。

三、校考真题与课题拓展

（一）课题拓展

内容：1.花卉装饰技法组合练习。
　　　2.风景装饰色彩表达。
尺寸：8开。
时间：2小时。

风景画的均衡式构图配合平直的线条、素雅宁静的用色可以塑造出安静温和的风景。在选择构图形式及装饰风格时要特别注意与风景所要表现的意境相协调。

风景装饰画中的色彩不必追求真实。我们应克服和摆脱客观色彩再现这一常规模式，对看到的景物的色彩进行互换重构或添加主观色彩。装饰造型中可以根据内容需要，任意改变一个物种的颜色。

课堂教学指导作品：谢堂秀、戴飞鸽、赵菲

（二）校考真题【江南大学】

内容：以提供的图例为内容，设计一幅题为《美丽的风景》的装饰图形。（50分）

要求：黑白表现（铅笔、炭笔除外），装饰形式感强。

尺寸：10cm×10cm。

江南大学设计学院校考作品

内容：以《窗外》为主题，设计一幅装饰风景图案。（50分）

要求：

1.具有装饰美感和现代气息。

2.黑白表现（铅笔和炭笔除外）。

尺寸：10cm×10cm。

此题要求考生表现一幅风景装饰画。加了"窗外"的界定，这就要求在表现风景时要对"窗"有所交代。

江南大学设计学院校考作品　　　　　　　　　　　清华大学美术学院学生作品　　　鲁迅美术学院学生作品

（三）校考真题【南京艺术学院】

考题链接：南京艺术学院 2018 年本科招生工艺美术专业（装饰设计）校考考题。

根据所提供的 2 张图片，进行构图组合和色彩表现，创作装饰画一幅。（150 分）

考试要求：

1. 以试卷提供的 2 张图片中的形象为素材进行构图，形象之间的比例尺度与画面组合关系自行确定。不得出现所提供图片中没有的形象。

2. 画面大小为 30cm×30cm，运用 4 套色进行表现（黑色、底色及勾线用色均算作一种颜色，白色除外），并在画面右侧用色块表明使用的色彩种类，每个色块大小为 6cm×2cm。

3. 使用水粉颜料。色调效果不限，表现手法不限。

试卷尺寸：4 开。

考试时间：3 小时。

课堂教学指导作品

设计说明：

这幅作品借鉴了梵高的"星月夜"，使用了蓝和黄的强对比色作为主基调，同时在蓝色系中再分出三个层次的深浅颜色。这样保证了画面的黑白灰关系，从而使得颜色富有层次感。重点运用了素材照片中的塔顶和车轮元素，画面中既有直线表现出的放射性又有曲线勾勒出的扭曲感，营造出神秘而又浪漫的气息。

设计说明：

这幅作品用切割构图的表现形式，把画面分成几个块面，将照片素材元素解构打碎后融在这些块面里，进行相互穿插。配色方面想要体现出春天的感觉，所以用了暖色调为主体配合绿色，颜色上留白的地方使画面的色彩分布不会太满，留有透气感，营造出生机活泼的氛围。

切割构图有较强的装饰性，但要注意以下两点：

1. 主要物体出现在各个分格中的关系：既要反复出现，又要保证有所区别。

2. 间隔线的塑造要有创意，它本身也是装饰的一部分。

　　画师们大胆地加入了自己的想象，让飞天拥有了侍女们姣好的面容，曼妙的身姿。借衣裙和飘带显示空间和飞舞，画面更具天空仙境的神秘之感，使艺术境界得到升华。此外，按佛经所示，飞天的职能有三：一是礼拜供奉；二为散花施香；三为歌舞伎乐。这三项职能本来毫无情节可言，但为了显示对佛的崇敬与供养，古代匠师发挥想象力和创造力，加入许多现实世界中的因素，将这个毫无情节可言的题材表现得淋漓尽致，并逐渐形成完善的程序。

以人物为主题进行装饰色彩的技法表现，是近年校考设计类考题中出现较多、带有综合性知识的重要考点，层次高，难度大。

进入对人类自身形象进行描绘这一数量最多、最具代表性，题材变化最为丰富的艺术领域，学生须学习对人物进行各种不同的装饰形式与色彩处理。不同的审美趣味与追求将导致装饰色彩的面貌呈现出极大差异。综合运用各种造型与色彩手段表现装饰形象，掌握各类装饰色彩语言，不但应从被装饰的对象——生活中的人物本身所具有的各种形象因素进行多方面的发现与研究，还应从古今中外大量优秀作品中汲取营养，并借鉴运用，从而达到形与神，形式与色彩，装饰语言与处理技法的有机结合，为色彩的艺术创作与设计奠定基础。

一、宗教情感中的人物绘画

宗教本身就是在对人的本质进行剖析和认识，这与艺术的内在有着共通之处。而绘画是艺术的重要部分。无论是说宗教在中西方的绘画史上，还是绘画在中西方宗教史上都有着不可替代的影响力。

（一）壁画

壁画作为古代文化的重要积淀，具有深沉的文化底蕴和内在的生命力。通过对壁画中人像绘画的研究，进一步挖掘艺术与宗教之间的内在联系，感受壁画中典型的时代特点和审美意蕴。

1.古埃及壁画

古埃及鲜明的艺术风格保持了长达数世纪的一致性和连贯性，使人们能轻而易举地辨认出具有埃及艺术风格的作品。这种一致性归功于当时严格的一整套工艺规范。它并不是由个性鲜明的艺术家完成的，而是一个近乎军事化管理团队的集体工作结晶。埃及统治者渴望基业永存，很多艺术建筑旨在敬神，非凡人日常所需。当宗教进驻艺术并与之相连时，艺术风格便趋于肃穆刻板而缺少变化。这也是古埃及人会修建让人叹为观止的浩大艺术工程，并让其艺术风格保持高度一致且延续千年之久的原因。在平面建筑上要绘出三维物体是一件很困难的事，但这个难题被古埃及人通过采用扭曲透视的方法得以解决。艺术家们在墙面上展示出脚和脸的侧面，躯干和双臂则直面正对观众。这种处理方法成功地展示了双腿和双臂，我们称为"正面律"。

古埃及的绘画雕塑服务于统治阶级。正面律的成因据说一方面是要将法老及王族成员们最完美的形象

古埃及雕塑

表现出来。另一方面，正面律的表现形式源于古埃及人的信仰。古埃及人有着强烈的宗教感情，他们认为人生像尼罗河的河水一样循环往复，在神灵的保佑下死后仍然可以重生。容貌如果具有某个人物生前的肖像特征，就便于灵魂找到可栖的所在。人死以后复生是基于灵魂与冥体的重新结合，这就必须为灵魂的复归找到门路。如果画面中表现的人物躯干缺少了一部分，他回来就是残疾的。所以，画师在绘画时，最关心的是如何真实、完整地反映现实中的存在。法老王及王族成员则成为实践这种宗教观念的载体。为达到这个目的，塑造雕像和人物绘画便使用造型取正面律的表现方法：凡法老王及王族成员都取正面律，躯体以对准鼻尖与肚脐连成的正中线而作左右对称。这种对称正是各种姿势（立、坐、蹲等）中最稳定的样子。这种样子才能使灵魂在复活时轻易地找到复归的门路。采用正面律的方式表现出来的人物无论在形象还是结构方面都是不自然的，但它将人体各部位的形态特征充分展现出来：正侧面能完整地勾画出人物的面部轮廓，如额头、鼻子、嘴巴，而着重表现的正面的眼睛是五官正面律：在人物造型中，人脸必呈侧面状态，突出额、鼻、唇，但人眼是正面而完整的；上半身的胸和肩呈正面状态，脚和腿却又是侧面绘制的。只要是人物造型，都遵循这种艺术特征，不可随意改动。

《三个女乐师》

古埃及壁画还有用水平线划分的，具有横带状排列结构的特征。同时根据人物的尊卑安排比例大小和构图位置，运用填塞法，使得画面充实，不留空白。古埃及壁画还有固定的色彩程式，即男子皮肤为褐色，女子为浅褐或淡黄，头发为蓝黑，眼圈为黑色。

古埃及艺术的的主旨是：通过"恒定"的牵引，艺术能在人与神秘力量间形成媒介。艺术是人创造的，但并不完全为现实的人的艺术。这样的艺术无疑有着造型的纪念碑性和别样的内在力量。

2. 莫高窟壁画

敦煌莫高窟，俗称"千佛洞"，位于敦煌东南 25 公里处，开凿在鸣沙山东麓断崖上，是我国三大石窟艺术宝库之一。前秦建元二年（366）开凿，后历建不断，遂成佛门圣地。莫高窟至今保留有十六国、北魏、西魏、北周、隋、唐、五代、宋、西夏、元等 10 个朝代的洞窟 492 个，彩塑像 2000 身，壁画 4.5 万多平方米，是世界上最长、规模最大、内容最丰富的壁画廊。

敦煌莫高窟壁画就其人物造型而言，有菩萨、飞天、供养人画像等。其中飞天被称为"敦煌石窟的形象大使"。

"飞天"最早见于东魏成书的《洛阳伽蓝记》。天，在佛教概念中，不仅指天国、天宫，还是对神的尊称，如吉祥天、三十三天等。因此，汉译佛经"飞天"专指天宫中的供养天人和礼佛、乐舞的天人。佛经中虽提及飞天，但并未对其形象有生动、具体的描述，这给古代画师们的创作留下了广阔空间。画师们大胆地加入了自己的想象，让飞天拥有了仕女们姣好的面容，曼妙的身姿。借衣裙和飘带显示空间和飞舞，画面更具天宫仙境的神秘之感，使艺术境界得到升华。此外，按佛经所示，飞天的职能有三：一为礼拜供奉，二为散花施香，三为歌舞伎乐。这三项职能本来毫无情节可言，但为了显示对佛的崇敬与供养，古代匠师发挥想象力和创造力，加入许多现实世界中的因素，将这个毫无情节可言的题材表现得淋漓尽致，并逐渐形成完善的程序。

敦煌最早的飞天出现在十六国北凉时期；隋代敦煌飞天的绘制达到鼎盛；唐代飞天在强盛国力的支持下，继承了隋代飞天强盛的发展势态，其绘制技巧更是发展到了顶峰。敦煌飞天，尤其是隋唐时期飞天的辉煌是有目共睹的，其魅力深深地吸引着人们的目光，给人们留下深刻的印象。

敦煌飞天不仅数量多，延续时间长，而且造型多样，有童子飞天、六臂飞天、裸体飞天等。敦煌飞天从艺术形象上说，它是多种文化的复合体。飞天的故里虽然在印度，但敦煌飞天是印度文化、西域文化、中原文化共同孕育而成的。他们不长翅膀，不生羽毛，没有圆光，主要凭借飘曳的长裙，飞舞的彩带而凌空翱翔，姿态优雅，生机勃勃。敦煌飞天可以说是中国古代画师充满想象力的创作，是世界美术史上的一个奇迹。称其为"敦煌的形象大使"，实至名归。

西方净土变之舞乐（中唐）　112窟　吴荣鉴临

（二）经书

《凯尔经》是一部泥金装饰手抄本，是 8 世纪前后平面设计的优秀范例之一。这是一本华丽装饰的圣经福音的拉丁语手抄本，每篇短文的开头都有一幅插图，总共有两千幅。

这本书包括了《马太福音》《马可福音》《路加福音》和《约翰福音》。右图展示的是四个象征物：马太被表现为一个人，马可是一头狮子，约翰是一只老鹰，路加是一头公牛。插图及其周边几何装饰物的奢华和复杂，超越了中世纪以来任何其他插图本。据称，《凯尔经》的作者把插图看得比文本更重。有时为了某一页的美观，甚至会牺牲文本。作者会采用一些特殊手段来避免破坏页面设计。这本书的美学品质经常凌驾于其实际功用之上。它是西方书法的代表作，亦代表了海岛艺术绘画的高峰。它被认为是爱尔兰最珍贵的国宝。

《特里武尔齐奥历书》是 1470 年弗兰德斯为米兰统治者特里武尔齐奥而制作的。当时，贵族家庭会拥有一本意义非同寻常的私人祈祷书。这本书里除了描绘传统的宗教场景，它也描绘了许多奇怪的次要景象。如一只猴子吹号角，一个有胡须的男人手握长矛骑着一只绵羊。换句话说，像绘制这些神圣插图本的艺术家，他们会任由自己的想象力驰骋。

《凯尔经》

《特里武尔齐奥历书》

二、世俗生活中的人物装饰画

我们如果喜欢一位艺术家或某种画风，就不能仅仅停留在欣赏那富有个人魅力的鲜明画风，极具张力的画面，而应该去研究他。如这位画家对社会理解是怎样的，他受哪些艺术家影响才诞生了这样的作品，这种艺术方式诞生的源头到底是什么，我们该如何学习和传承。一个人的绘画风格是他看世界和理解世界的方法。设计初期我们会受到自己喜欢的艺术家的影响，慢慢吸收、认知、思考、实践，用理解的方式去临摹，经过发酵，随着大量的学习、吸收和创作，逐渐形成自己的画面风格。

古斯塔夫·克利姆特（Gustav Klimt，1862—1918），奥地利维也纳分离派的领袖人物，著名画家。他强调个人的审美趣味、情绪的表现和想象的创造，作品中既有象征主义绘画内容上的哲理性，同时又具有东方的装饰趣味。他注重空间的比例分割和线的表现力，注重形式主义的设计风格。他那非对称的构图，装饰图案化的造型，重彩与线描的风格，金碧辉煌的基调，象征中潜在的神秘主义色彩，强烈的平面感和富丽璀璨的装饰效果，使画面弥漫着强烈的个性气质，对绘画艺术和招贴设计产生了巨大而又深远的影响。

作为受过多年学院派艺术教育和工艺美术训练的克里姆特，在创作《阿黛勒·布洛赫 – 鲍尔的肖像》时充分发挥了写实造型和装饰风格，使具象和抽象这两种表现方法结合得合情合理，天衣无缝。画面以金色作背景底纹，各色金黄色纹样图案构成的衣饰包裹着人物的优雅形象，整个画面显得高贵华丽，可谓金碧辉煌。

《阿黛勒·布洛赫－鲍尔的肖像》　克利姆特　　　《满足》　克利姆特　　　《吻》　克利姆特

　　《满足》是画家为比利时布鲁塞尔的斯托克莱宫绘制的壁画局部。这组壁画以彩色镶嵌的手法制作而成，具有十分浓郁的装饰性，并使用了金箔和银箔，使壁画显得十分富丽堂皇。画家以编织形式组合的图案和象征的手法，描绘出一对恋人拥抱在一起的情景，除了人物的头部鲜明外，整个人物形象被淹没在十分夺目的各色图案纹样之中。

　　《吻》中一个高高的男性正紧紧拥抱着他心爱的人在亲吻，女人似乎正沉浸在迷茫的爱情中。画面图案纹样独特，有一种介乎日本与拜占庭之间的混合画风。画家长期以来一直在色块、图案、装饰线等方面不断地探索，转变手法，也从不满足于所获得的。但其探索方向主要是东方的。画上情侣的侧部形象类似日本浮世绘式，使用了重彩与线描。

　　阿尔丰斯·穆夏（Alphonse Maria Mucha，1860—1939），是捷克乃至整个欧洲新艺术运动的代表性人物，他的绘画、玻璃画、建筑设计和室内陈设、插图、壁挂，尤其是他的海报设计曾经风靡世界，是新艺术运动最抢眼的广告。穆夏的绘画，在富有华丽装饰美的甜俗优雅的表象里，蕴藏着升华人性的精神旨归。他童年时是天主教堂唱诗班成员，教堂保存着丰富的巴洛克风格的艺术品，每次穆夏进入这所教堂，都会被这些美妙的艺术深深感染。

穆夏作品系列

穆夏是线条的主人，也是线条的奴隶。他被线条束缚和缠绕，又让线条迂回激荡。他的线条像根魔棒，模拟植物生长，花朵开放，阳光四溢，柔情到永远。他师法自然，自由而生。

奥博利·比亚兹莱（Aubery Beardsley，1872—1898），是19世纪末最伟大英国插画艺术家之一，也是近代艺术史上最闪亮的一颗流星。他的海报设计是新艺术运动的一面旗帜。他的画风受拉斐尔前派、印象派、古典主义、巴洛克、日本浮世绘等风格的影响，但又独具一格，具有强烈的个人风格，尤其是对线条的出色运用和黑白画的创造性成就。鲁迅评价道："没有一个艺术家，作为黑白画的艺术家，获得比他更为普遍的声誉；也没有一个艺术家影响现代艺术如他一般广阔。"作为装饰性艺术家，比亚兹莱是无匹的。

比亚兹莱作品创新前卫，唯美却怪诞、华丽且具颓废的气氛，简洁流畅的线条与强烈对比的黑白色块，为当时的新艺术运动带来震撼性的冲击，持续影响当代与现代，东方与西方的艺术创作。他一贯不画同时代等人所志向的美，相反地喜欢画邪恶的东西，具备出奇的戏剧效果。在刻画人物时，他倾向脸小发多、近乎完美比例的变形手法，符合大众喜好，并极力挑战当代世俗。新艺术运动虽然是一个工艺美术运动，但由于很多重要艺术家的参与，使得它"含金量"很高。由于它发生在世纪末和世纪初，颓废和享乐主义情绪很严重。由于它在欧洲各主要国家几乎同时萌芽，影响力之大超乎想象；它与当时正在酝酿的现代主义各流派相互影响，交互成长，对新样式、新风格和个性化的追求影响至深。

比亚兹莱作品系列

三、校考真题与课题拓展

（一）课题练习

内容：经典人像作品拟仿。

要求：1.拟仿比亚兹莱等艺术家的画面风格、构图进行装饰画人像表达。

2.画面中必须植入蝴蝶或植物元素。

3.黑白二色表达。

画幅：8开。时间：2小时。

课堂教学指导作品

浦艺洋同学参照了比亚兹莱的构图，给人物绘上衣服并做装饰化处理，增加了枝蔓上的刺，使得画面多了一份"带刺玫瑰"的感觉。

洪欣怡同学参照比亚兹莱的作品，把人物及花卉做了简化处理，加入了蝴蝶元素，恰恰是点到即止，寥寥数笔突出重点，做到了"简约而不简单"。

陶缘玥同学打破了原图大面积的黑白对比，增加了许多点线面关系的处理。如果原图给人"沉静"的"祈祷"的感觉，那么这幅就像是"律动"的小精灵的"魔方"。

（二）考题链接【鲁迅美术学院（2017 年设计类考题）】

考题：《经典与自然》。（满分 150 分）

要求：1. 以蝴蝶为原形，通过形状、大小、角度等变化，将三个不同的蝴蝶图形与小提琴组成一幅彩色创意设计。

2. 限使用五种以下颜色，限水粉、水彩、马克笔、彩色铅笔表现。

尺寸：24cm×24cm。 时间：2 小时 。

课堂教学指导作品

设计说明：张子悦借用小提琴与蝴蝶的元素进行变形处理。蝴蝶代表"自然"，表现了化茧成蝶的生命力；小提琴代表"经典"，体现了优雅与柔情。画面运用了紫色系的配色，凸显高贵沉静的感觉，同时加入了柠檬黄，和紫色作为一个互补，也增强了画面的表现力。最后在小提琴的周围压入一些较重的黑色及深紫色，凸显画面的重点，也使得画面更有分量感。

知识点链接：

此部分可先参考"设计十六日"中第二章"化茧成蝶"中的鲁迅美术学院考题练习《经典与自然》黑白效果表达。

（三）课题练习

内容：经典人物画临摹。

要求：1.临摹有人像的壁画、优秀人物装饰画作品。

2.水粉设色，套色、纸张材料不限。

此练习强调对经典作品的临摹与分析，主要研究色调的构成关系与各种手法处理。在借鉴经典作品时，尽量悟出一些实在的体会，以丰富装饰色彩语言。这些优秀作品都是我们的参考资料，无论是形象还是色彩的形式都可被借鉴。

画幅：8开。时间：3小时。

课堂教学指导作品

在王莺同学的这张敦煌飞天藻井图中，四角和中心静态的莲花，以及旋转着的人物飞天动静相映。汤永根、浦玉蓉同学临摹的敦煌藻井图，刻画用心细致。有对仗工整的方适合图形，也有圆适合图形。佛教题材中的色彩是一种非自然性的提炼，其特征是色相简洁而富于结构变化。以赭石、土黄、粉绿、黑、灰等色组成富丽厚重的基调。每个洞窟丰富多变的色调几乎都是一本丰富的色谱，值得我们认真学习。

课堂教学指导作品：汤永根、浦玉蓉

王莺同学临摹了丁绍光先生的人物装饰画。左侧这张选用了水粉纸，在其上以水粉笔进行点的装饰绘制。右侧这张以高丽纸为底基材料，水粉颜料在纸两面上色，最后用笔勾勒轮廓。重彩画独特的装饰风格与明快华丽的色彩，既坚持了国画的特点，重意境，重构图，重线条，也坚持了西洋油画的特点，重表现，重透视，重色彩，还应用了装饰画的变形特点，使现代重彩画在技术表现和色彩的应用方面有了新的突破和发展。画中的每根线条，粗细虚实、曲直轻重，都可以抓住观者的眼光，可以说所有的图形都是靠线变化出来的。

　　艺术家链接：丁绍光，著名华人艺术家，中国现代重彩画画家。曾为人民大会堂创作大型壁画《版纳晨曦》，为上海大剧院创作巨幅作品《艺术女神》，为上海文化广场创作由30万块玻璃组成的335平方米大型彩色玻璃壁画《生命之源》。丁绍光先生的作品具有强烈的装饰风格，突出的形式感诉诸观赏者的视觉，所表现的感情是鲜明的，具有浓厚的魅力。

　　创造不是凭空的，需要有传统和其他艺术门类作为养料与基石。丁先生曾说："在绘画中，谁能创造一个既有东方的美，又有西方的美，既有古典的美，又有现代的美，既是具象的美也是抽象的美，谁就会成功。当然要做到这一点是相当难的。将绘画的所有因素包容进去，表现出来，我想一定会成功。"丁绍光先生的画作之所以形成装饰风格，是他广泛学习中国传统艺术、民间艺术以及西方古典和现代艺术的结果，也是诗意理解生活的结果。从他的作品中可以看到，广泛吸取敦煌壁画、汉代画像石和画像砖，以及历代青铜器的装饰构图，加上西方现代派画家的构图方法，形成了他的装饰性构图。而构图中，他大量采用中国的透视法，形成既传统又现代的独特透视风格。欣赏丁绍光先生的作品，确实使人感受到他在色彩方面的努力极为深厚，融合东西方和古今色彩，华丽繁复，达到了感人的境地。没有创造力的艺术行为是没有活力的，当然也不会有生命力，也不会打动人、感染人。

农历冬月

十四

人工智（艺）能

1.机器人干不了我的工作。

2.好吧，它会许多事情，但我做的事情他不一定都会。

3.好吧，我做的事情他都会做，但他常常出故障，这时需要我来处理。

4.好吧，它干常规工作从不出错，但是我需要训练它学习新任务。

…………

7.真高兴，机器人绝对干不了我现在做的事情。

(循环到步骤1)

——选自KK《必然》第二章

2018 年的中国美术学院 90 周年校庆主场，展呈着联通过去和未来的巨大的木刻莫比乌斯环。在隐伏着众多新颖概念和奇崛思路的木刻语言中，百年来的景与人，在时空中交错分阵，在创造与超越中看到时时来临的 1928 和 2028。国美人薪火相传"为艺术战"的精神历经 90 年岁月流转，从可能的空间里，早已化作自我觉醒、自我批判的力量，让我们看到今日国美的万物蓬勃。

国美校庆展的长墙上，展呈着学生拟仿国立艺术院（国美前身）院刊《亚波罗》头像所设计的百幅头像封面。作品以"创世纪"为主题，以此表达国美学子继承前辈在艺术长河中砥砺前行的精神，勇往直前，不忘初心。而 90 年前为发展中国艺术而创刊的《亚波罗》，在艺术的精神道路上永不停刊。

图形变异是基于原图形的，但变异的幅度可大可小。只有对原形的文化内涵和形态装饰特征有深入理解，才能够尽情发挥再创造的功力。

国美校庆展馆东侧有一组主题为"人工艺能"的创作作品，是学生在智能科学快速发展的今天，围绕2017年十大关键首要词"人工智能"，对人与人工智能的未来进行的思考，并将图绘作品进行动态影像播放。作品借用凯文·凯利在《必然》讲述的人类科技这个生命体演化过程中，人与机器的发展趋势，揭示了"艺术绝非机器预设的智慧所能替代的"这一主题思想。

　　无独有偶，2017年东华大学、2018年中央美术学院、鲁迅美术学院在设计类考题中，分别以"人工智能""未来已来""数字化生活"等进行校考命题。从这些考题中，我们可以看到高校对于人才的选拔，除了对必备技能有要求外，还要考验学生对社会的敏感度、责任感和敏锐的洞察能力。

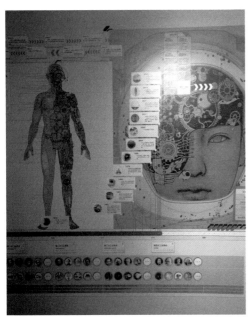
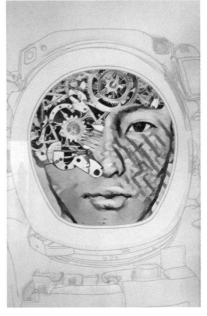

中国美术学院
90周年校庆作品
主题：人工艺能
指导：陈正达
创作团队：黄楚珺、赵胜男、
戴小争、刘元馨
设计文案：KK
（凯文·凯利）

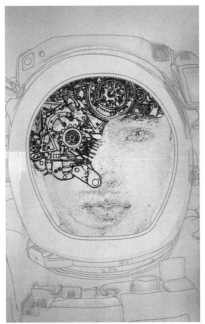
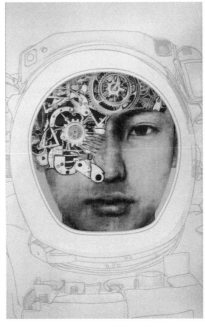

一、人物装饰的创作构思

构思是对所要表现的对象在大脑中进行一种由内容到形式以及目的性的总策划，就是将所要变化的物象在大脑中，运用装饰造型的形式规律，进行多角度、多层次、多手段、多方面的形象思考。把所要变化的对象在结构上、布局上、设色上进行反复酝酿及周密的思考，最终在头脑中形成大致的轮廓与雏形，为成稿做好全部的准备工作。因此，它是装饰造型设计的一个非常重要的环节。

下面以鲁迅美术学院（省外考生）2018 年设计类校考考题为例，展现人物装饰创作构思的过程。

考题链接：《数字化生活》。

设计要求：1. 用下面提供的基本素材组成一幅彩色装饰画面。

　　　　　　（1）外卖小哥（必选）。

　　　　　　（2）共享单车、二维码、表情包、游戏柄、无人机、VR 眼镜（任选其中三个）。

　　　　　2. 画面中不允许出现汉英等文字。

　　　　　3. 限用五种以下颜色（黑白除外）。

　　　　　4. 限用水粉、水彩、马克笔表现。

画幅尺寸：24cm×30cm。

考试时间：3 小时。

设计过程：

1. 仔细审题

《数字化生活》作品中一共需要用到四个设计元素，其中"外卖小哥"这一元素是必选的，共享单车、二维码、表情包、游戏柄、无人机、VR 眼镜这些元素是任选其中三个。题目主要表现"数字化生活"，"外卖小哥"是其中一个元素，所以千万要把握主题，不要偏题，画面要体现出科技感、数字化，而不是将全部笔墨用来表现"外卖小哥"。

其中的一些设计元素可以利用符号化、装饰化的设计语言来表现，未必需要完全写实的表达，如"外卖小哥"只要能体现其特征，不一定非要画得很"具象"，可以进行适度的变形、夸张，突出其装饰性。画面中要注意点线面元素的穿插，达到丰富画面的效果。特别要注意审题，试题要求画面中不得出现汉英等文字，我们在设计中就一定要避免相关文字的出现。

试题中限用五种以下颜色（黑白除外），所以在配色时先要设计好。颜色可以走"对比"，走"同类"抑或是"互补"。另外配色也要有轻重之分，画面不要都出现"重色"或者全部是"浅色"，颜色同时要能够体现出黑白灰关系。

2. 明晰步骤

设计作品选用外卖小哥、无人机、二维码和 VR 眼镜四个设计元素。

颜色上利用对比色，突出了视觉上的冲击力；一些线条的穿插折叠也增强了画面的科技感。

（1）草图构思

先把画面中大面积轮廓进行初步框定，点线面元素进行初步分配。

（2）元素提取

提选出画面中需要使用到的设计元素。"外卖小哥"为重点表现，"二维码"拟为方形的部分背景，"无人机"和"VR眼镜"在画面空白处进行穿插组合。在此基础上还可以加入其他小元素进行点缀，比如车轮和时钟的结合，月亮和城市剪影的结合等，丰富画面的同时也能升华主题。

课堂教学指导作品：《数字化生活》

设计草稿

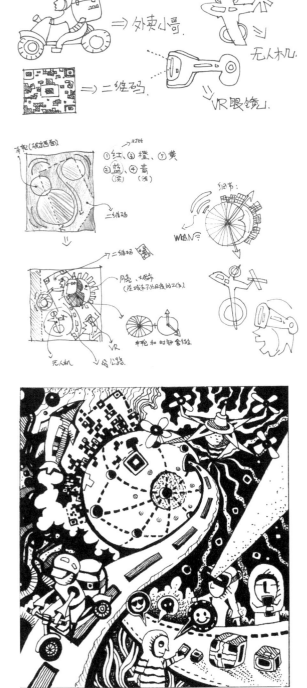

学生课堂小稿练习（16K 黑白小稿）

陈露莎同学画面X形构图凸显了视觉中心，穿插进需要表现的设计元素，画面以"流水线"的形式表达了数字化生活。用极强的装饰表现手法，体现了这个时代的快速、高效、数字化。

（3）色彩搭配

校考时虽然受到套色用色限制，但我们可以通过层次的变化来丰富画面的视觉效果，达到以少胜多的目的。装饰图案的色彩基本是重复套用的，多种颜色相互交叉换位，反复出现在画面中的不同位置，形成了多变的色彩关系。冷暖色交接，明暗色互衬，图形与背景色彩的互用都给装饰造型在视觉上求得整体色彩的和谐与变化创造了条件。通过设计小色稿审视画面色彩的组合效果，力求有限的色彩，平衡的分布。

从小练中发现，学生刚进行色彩装饰画表达时，对于配色把控不住。典型问题有：一是色彩过于繁杂无序，显得"花"或"俗"；二是色调过于单调，发挥不出色彩应有的力量。解决上述问题，需着眼于色彩的对比与调和，在此基本规律上予以调整。前者需强调主色调的处理，注意面积比例与穿插安排。后者不妨加些对比色或点缀色。

课堂教学指导作品：《数字化生活》 许诺、邹瑾怡等

学生课堂小稿练习（16K 小色稿）
请学生先做设计小稿彩色练习，从中查看对知识点的掌握及相关问题。

3. 调整完善

确定好颜色的搭配，做一个红蓝对比的配色，其中红色系中分出橙色、黄色，蓝色系中分出浅青色，加上红色和蓝色，这样颜色的深浅也有变化，确定了画面中使用的五套色。重新审视整体画面，尝试在构图上再寻求一些变化，把车轮"画出去"，让画面有一种破出效果，增强动态感。

画面中用元素进行打散重构，其中二维码、无人机、VR 眼镜的加入表现出城市的科技感和方便快捷的数字化生活。在此基础上还加入了月亮、高楼大厦、城市道路、时钟等元素，把它们进行穿插组合，寓意了城市的发展，生活的便捷，也离不开外卖小哥们不分日夜的在高楼林立的城市中来回穿梭的努力奉献。这也使得画面在具备科技感的同时更多了一分人情味。

设计彩稿

二、人物装饰的色彩应用

由于人物的结构形式与色彩感觉的变化幅度，相对于风景、植物题材要小一些，所以人物题材的装饰色彩应用，一方面取决于理性的分析与比较，另一方面取决于感性的发挥与想象力的作用。

（一）美化与象征

装饰色彩的应用就其功能而言主要是美化，这是人类最早使用色彩材料时就被发现与利用的。称为装饰色彩，其特点自然和装饰的性质有直接联系。文明社会中，装饰以美化为主要目的，如服饰中的色彩在美化之外又有象征性作用。封建社会有以色彩区别等级的官服；现代社会色彩的象征性大多转化为某种标志性概念，如白衣天使、绿衣邮差；而在远古时期及古代社会，装饰的作用却包含着更多的神秘意识。18000 年前山顶洞人葬礼时在尸体周围撒赤铁矿粉，被认为是一种生命的体现。因为红色是血液与火焰的象征，时代越久远则象征性意味越浓厚。在民众百姓中约定俗成的流传的象征性色彩形式运用是极其丰富的，随着装饰色彩象征的内涵与外沿的不断转换及拓展，美化功能的比重逐渐加重。

（二）夸张与变色

变色是装饰色彩的特有手法，是继写实色彩画后进行分析比较、归纳提炼的。包括了人们对物、景、人固有色的概念和色彩共性印象。

夸张是物象的具体色进一步得到强调，红的更红，绿的更绿。装饰色彩本来就不受"真实性"的限制，所以变色实质上是一种彻底的"创色"。像自然界中不存在的"龙、凤"，可以在多种颜色上任意变化。变色除改变物象原本色彩外，更包含了主观意向的色彩。

（三）平面与限色

装饰色彩多以平涂为主要用色手段，所以平面性效果与套色亦成了装饰色彩的特点之一。

装饰色彩的平面性特点有许多不可取代的优越性。传统纹饰中需要装饰处理才可以创造出特有而经典的视觉形象，只有平涂画法更为适合。而象征性形象组合在同一画面中，也只有平涂的设色方法才能取得协调一致的最佳效果。

限色是限制使用颜色的种类与数量，是装饰色彩的又一特点。造成限色的原因，一是特定时期特定装饰物有着色材料品种的限制，二是批量制作的成本经济条件与呈色工艺可能性的制约。古时颜料品种少或不足，只能以有限的色种去表达无限的内容。但古人在被动中创造了不少配色方法，像下面所说的色块的反复、交错、穿插等，并总结了十分丰富的配色经验。如追求省工省时、价廉物美的民间年画用色就是在限色条件下巧思而成的。

下面以东华大学 2017 年美术类专业设计校考考题为例，展现人物装饰创作的设计过程及色彩应用。

考题链接：《未来智能》装饰性主题彩色图形创意设计

从人们开始离不开电脑，到万物互联，到人工智能，计算机对人类的影响越来越大。请参考以下图片展开想象，对人工智能进行拓展设计，创作一幅以《未来智能》为主题的装饰性彩色图形创意设计作品。设计主题鲜明，创意精彩，物象形变与整体设计构思巧妙，色调、色彩与肌理的关系处理到位，画面艺术效果强。

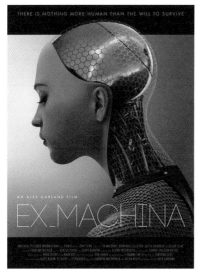 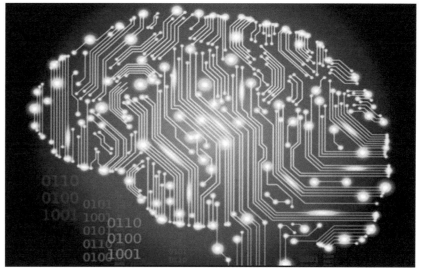

画面要求：

1. 统一横构图，构图有创意，具有一定的装饰意境。

2. 8开纸，20cm×20cm 的方形内设计，统一用 1mm 左右的黑线勾边，20cm×20cm 以外不得有任何设计说明、符号、文字等，否则视为废卷。

色彩表现，以水粉、水彩为主，其他色彩工具不限，5个颜色（含5个颜色）以上，装饰性技法与风格不限。

考试时间：2.5 小时。

课堂教学指导作品：黄珊、温婕

设计过程：

1. 仔细审题

以"未来智能"为主题，可从人工智能的利与弊来展开联想。试卷呈现中，我们若从积极意义的角度进行思考，可表现：未来智能加快了现代化的步伐，并对人类产生了影响。

需要用到的元素可以有电子电路、机器机械这一类带有科技感的元素，也可以用到一些类似自然的元素。画面构图可以运用到一些形式美法则，要注意画面中黑白灰关系的明确，和点线面元素的合理穿插。配合自己的创意，紧扣主题表现出画面"冲突对比"或"和谐统一"的氛围。

2. 明晰步骤

①草图构思 + ②元素提取

学生的这幅课堂练习小稿画面采用对称式构图，把机器人和人类按中轴线进行左右对称划分，整个画面给人十分稳重的感觉。大面积的黑色背景为世界地图，里面的线条及头像剪影象征全球化的信息交流。电路线路的元素穿插于整个画面，突显了科技感，更丰富了画面，使画面中的点线面组合有序，黑白灰关系明确，表达了信息化时代中未来智能给人类生活带来新变化。

③色彩搭配

装饰色彩的构成与写实主义的色彩有很大区别，它有自己的机制，与自然色彩的特定结构截然不同，为了画面整体结构的需要，为使内容与形式整体合一，主观地进行画面色彩组合。

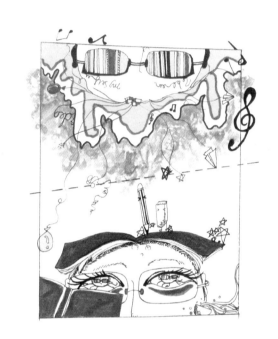

东华大学"未来智能"这道考题中，蓝紫色为基调象征科技感，画面中点线面分布合理，冷暖搭配和谐，画面具有一定的装饰性。当画面的主色调确定后，它的补色也伴随着主色同时出现在画面中，进而形成对比关系。但是，它们对比关系的建立，不是并列进行的。主色、补色的两大色系的色彩相对集中，同时又要加强与局部色的练习。这就要求我们在相对集中的前提下，同时又要考虑这对色彩与其他色彩的分割与联系，加强画面的内在谐调性。

人物装饰应用中要考虑到色彩的集中与分割，这是加强画面色彩对比关系与丰富画面色彩视觉效果的一个重要手段。在集中与分割处理中，关注画面色彩变化的系统性与秩序化，把画面色彩的主次过渡关系以及节奏韵律的变化充分表现出来，使画面色彩从整体到局部达到和谐统一。

课堂教学色彩小稿设计分析

这幅画面中机器人做了一个"嘘"的手势，穿插了类似星球的球形元素，构图上疏密有致，体现了智能科技的神秘感。

画面借鉴了名画《创世记》的经典手部表现，表达了人类之手和智能之手触碰的一瞬间，产生了科技的火花，点亮了智能的时代。

此画以智能机器人的面部为主体，以放射性线条相互旋转排列；而线条和线条之间的律动穿插，表达了科技的激情之美。

色彩的穿插与呼应关系，是加强画面色彩整体内在联系的必要手段。这种色彩间隔的互相穿插与渗透，形成了"你中有我，我中有你"的关系，加强了整个画面色彩的内在联系。这种呼应关系，使画面的色彩有机结合在一起，消除了色彩间的各种对应因素，解除了它们之间的对比分割的矛盾，建立"友好"的谐调关系。而严谨的色彩结构关系，使形与色有机地结合为一个整体。

3. 调整完善

考题要求 5 个颜色（含 5 个颜色）以上，可以预见到画面用色丰富，绚丽多彩。

《未来智能》作品中以人物剪影形式表现未来智能对于生活的改变。"智能大脑"以冷色调表现，配合齿轮及电路板的元素；"人物剪影"以暖色调表现，加入城市、宇宙、科技等元素。两者相互对比，在视觉上形成极强的冲击力。背景加入线性元素，以黑色作为虚化渐变，既体现了科技感，又不会让背景太过显眼，更好地突出了主题。

三、校考真题与课题拓展

（一）课题拓展

　　刚开始做人物色彩的装饰表现时，对于色的把握需要加强练习。借鉴前课"别具慧眼""自说自画""超尘拔俗"所展现的优秀人物像作品，充分体会这些作品的精髓，结合大师表现手法，进行经典装饰的组合表达。

　　尺寸：16开。　　工具：水粉颜料。　　时间：90分钟。

课堂教学指导作品

周蕴茹、邹雨桐、田佳奕、蒋欣雨

（二）考题链接【天津美术学院 2018 年创意设计】

考题：玻璃花瓶与丝带（刚与柔的和谐共鸣）。

要求：围绕"玻璃花瓶与丝带（刚与柔的和谐共鸣）"主题，充分发挥想象力，进行创意表达（图形创意），并结合自己的创意写出 100 字左右的设计分析。

工具：马克笔、彩色铅笔、水粉、丙烯、水彩、黑色铅笔、炭笔均可，不允许使用油画颜料。

时间：1 小时。

课堂教学指导作品：张子悦、周顺月

设计说明：画面中玻璃花瓶破碎出一个爱心图案，也象征着女性易受伤、破碎的心；丝带和鲜花的点缀代表着对女性的呵护与关爱。画面以玻璃质感和碎片代表"刚"，以女性人体和丝带代表"柔"，两者交相呼应，突显出刚与柔的和谐共鸣。颜色上以紫色和玫瑰红为主，配合橙色、黄色以对比点缀，增强了画面的视觉冲击力。玻璃花瓶以浅灰蓝勾边，更好地体现了玻璃的质感，也能使画面冷暖颜色更和谐丰富。

   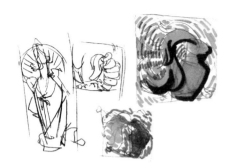

设计草图

设计彩图

设计说明：老子说："天下莫柔弱于水。"受到
这一句话的启发，运用了水纹来映衬"刚
与柔的和谐共鸣"这一主旨，当水纹寓于代
表刚硬的玻璃花瓶，而使柔和的线条作
为衬底，我希望表现的是 无处不在的"刚柔
并济"的景象。比如至刚硬的玻璃花瓶，
在瓶口略有弯曲，而柔弱无骨的丝带缠绕

 Green grey.

 Turquoise Blue

Forest Green

 Sand.

漫无止境

所有的想象力都是建立在对客观现实熟悉并了解的基础上的。身边一切元素都能成为你的绘画素材，让它们变成有趣的画面。试着重新构思灶台、水缸、柴火，把它们组合成一幅全新的画面。要知道这可是女巫厨房：大锅不仅可盛美味佳肴，还可以用作各类新奇的魔法实验。把你能想象到的原料都一起加上吧！刀枪兵刃像柴火一样被付之一炬，这可是个善良的女巫，让战争远离，把干戈化为玉帛。美丽事物得以蓬勃生长……

综观近年动画漫画类专业校考考题，人物、场景是考核的两大主要方向。立志报考动画类专业的同学，课余时间肯定少不了对影视动画的阅读了解，当然必要的临摹描绘也是期盼递交优秀答卷的同学们的必备功课。

本页为大家展示的是我执教的高中段学生，从高一年级入门阶段的稚嫩的临摹描绘习作到高年级设计创作的作品。通篇我们看到的是这些同学对于绘画的由衷热爱。

其实绘画和练武一样，无论对用笔的控制还是对画面的控制，无论写生还是临摹，无论写实还是夸张，大量的线条训练和造型训练，都可以有效提高对作品的控制力。

课堂教学指导作品

临绘：吴雨桐、王泽美、钱厚文、庄雨曦　设计：刘静

CG 人物组图
右二原创：路璐
左三临绘、CG 场景临绘：路璐

一、动画赋予人们全新的视觉体验

动画是视觉的速写，一种较高层次的非言语方式的沟通。动画作为一门融合多种不同类型艺术的综合体，它是集绘画、漫画、电影、数字媒体、摄影、音乐、文学等众多艺术门类于一身的艺术表现形式。

动画作为一门独立的综合艺术形式，已成为创意文化产业的重要支柱之一。对很多学画的年轻人来说，伴随互联网成长的他们，拥有全球同步的视野，"高概念电影""世界观""蒸汽朋克"等时下国内电影圈流行的概念，他们早已了如指掌。因此，这一代年轻人渴望着展现他们创造力的机会：既与前辈不同，亦不追随好莱坞的流行风格，结合东西方，设计出代表这一代中国青年审美观念的电影形象。

阮佳，80 后鬼才画师。他的画作风格惊艳而独特，自成一派，将各种文化要素融合得恰到好处，成为许多初学者的模仿对象。他曾为《激战 2》《光环》《魔兽世界》《暗黑破坏神 3》等多款优秀游戏绘制过原画。阮佳曾先后在网龙公司（《魔域》《征服》开发商）、ArenaNET（《激战》开发商）等知名公司就职。他曾在世界三大 CG 网站之一——CGTalk 上得到五星评价和勋章。

阮佳作品

徐天华，电影概念设计师，美术指导。从电影《鬼吹灯之寻龙诀》到《爵迹》概念片，冷峻、诡秘、光怪陆离的画面呈现出一个陌生而迷人的中式新魔幻世界。除了震撼的感官刺激之外，独立而新奇的中式魔幻视觉美学体系令人赞叹。

在《寻龙诀》这部代表当时中国电影工业最高水平的影片中，徐天华参与设计了重场戏——奥古公主墓的布局结构和重要场景，比如奈何桥，墓室入口，日军基地，以及古墓的装饰系统，如宗教图腾、彼岸花等，将剧本与小说中的重要场景和故事，从观众和编剧的朦胧想象里，变成了眼前的银幕奇观。

今天，电影行业处在巨大的机遇和变化中。市场庞大，制作规格和专业化程度越来越高。在概念设计界，西方科幻通过 30 多年的发展，已经逐渐地形成了一套成熟的设计语言。中国科幻电影虽刚刚起步，却也在近两年内经历着爆发性的增长。我国 2015 年投拍的科幻片增长到 80 部，2016 年轻松破百。在中国方兴未艾的科幻浪潮下，新一代设计师，或许有机会站在东方的文化视角上，在这片魔幻新天地的背后创造属于东方的概念设计时代。

徐天华《寻龙诀》概念设计之彼岸花、地下世界　　　　徐天华概念设计《万仙阵普贤收白象》

　　CG巨匠克雷格·穆林斯（CM Craig Mullins），CG插画、概念设定领域的行家和大师，多次获得CG美术类的奖项。他的绘画风格多样，尤其擅长使用简单的块面和色彩来表现丰富逼真的光影效果。他对很

克雷格·穆林斯作品

多插画、漫画以及经典艺术品的技法都有深入的研究。他将这些研究融入了自己的商业创作中，已成为一位知名的插画创作高手。部分项目一览：《最终幻想》《星球大战》《极品飞车 7：地下狂飙》《Tao Feng：莲花之拳》《HALO 2》《凤凰计画》《神话 II》《红警 2》《帝国时代 3》等。

美国概念设计师 Maciej Kuciara，顽皮狗的概念设计，行业标杆。Maciej Kuciara 不仅参与《美国队长》的制作，还曾参与《银河护卫队》《X 战警》《孤岛危机》《美国末日》《木星上行》等众多游戏项目和好莱坞电影的制作。

Maciej Kuciara 作品

至美的从业精神，多元的绘画风格，高超的数码技术和扎实的素描能力，让我们看到了美轮美奂的动画影视作品。一直以来，"素描"技法是通向最真实的道路，它让我们准确地把握形，掌握有机分析和影调表现的能力，从而具备构想的能力。但是，动漫世界并不是真实的世界，而是由"仿佛真实"经过变形处理的绘画所构成的世界。"仿佛真实"就意味着与现实存在差距，为了让作品具有真实感，不能只依靠写生的手法，所以在学习中，必须掌握这些绘画方式，掌握人物造型中脸、身体等的画法，学会个性人物设计，掌握立体空间透视，营造有纵深感的动漫场景。

二、插画思维让想象在世界中放大

插画作为一种视觉语言表达形式，具有直观、形象、充满生活感的特点，艺术感染力较强，被广泛应用于多个设计领域，如书籍设计、海报设计、唱片网站主页设计等。越来越多的插画也被应用于包装、影视等领域中，取得了良好的艺术宣传效果。

与传统的绘画相比，插画的视觉语言形式更加多样，不拘泥于某个单一的画种，也不局限于特定的材料。上述三幅插画分别以颠倒对象、反常识和材质置换等方法，表现出富有时代气息、想象力和冲击力的主题，

佚名

贴近现实且充满生活情趣，以多样化的艺术语言和表现形式呈现出独特的艺术价值。

　　插画创作不以写实作为评判作品的唯一标准，是一种记录生活、表达生活的艺术形式。创作者贴近生活、抒发个人情感，发挥想象力，并在画面中表现出来，便能创作出优秀的插画作品。插画的表现方式和表现技巧较为自由，插图画创作者有着较大的发挥空间。

三、校考真题与课题拓展

（一）课题拓展

　　　　内容：心的畅想。
　　　　要求：围绕主题做日常创意小练。色彩小稿。
　　　　尺寸：8开画纸上3例。
　　　　时间：90分钟。

课堂教学指导作品：胡玉洁

内容：拟仿插画，做风格相近的色彩插画主题表达

尺寸：8开。　时间：2小时。

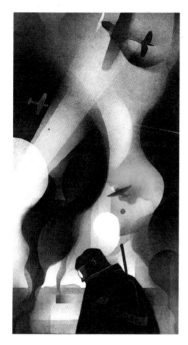  

左侧是一幅反战主题插画作品，根据这种表现形式进行思考后，也可以反战主题进行一个同类型的插画创作。选用棕黄色为主色调，用于表现战争后"焦土"的气息。降落的炸弹渐变形成了士兵衣服上的图案，配合周围的战火纷飞，体现了战争的残酷，和平的来之不易。

内容：借助插画语言进行公益海报设计。

要求：1.就时政、社会热点问题设计公益海报。

　　　2.色彩表达，套色不限。

　　　3.以图为主，文字表达简明扼要。

尺寸：8开竖构图。

时间：2小时。

课堂教学指导作品：邱冬梅、张子悦、路璐、周琪萍、单超凡等

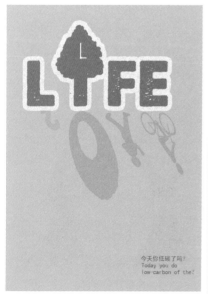 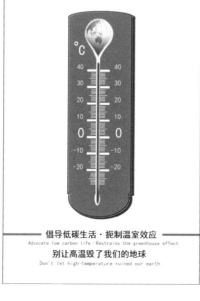 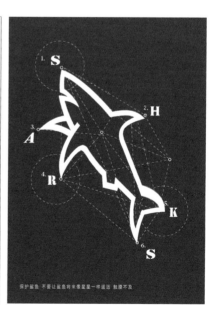

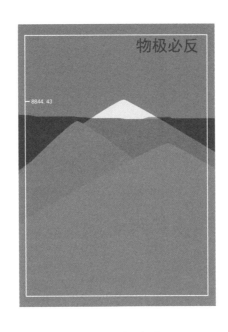

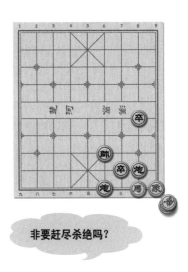

星星之火 可以燎原
CAN START A PEAIRIE FIRE
A SINGLE SPARK

物极必反

— 8844. 43

非要赶尽杀绝吗？

（二）校考真题【北京电影学院 2017 年动画专业校考考题】

　　1.内容：绘制《我家的厨房》彩色场景图

　　要求：用单幅画面，根据生活中所接触和看到的，设计默写一幅你印象中的家庭厨房场景。

要求空间、布局、构图、透视合理，静物层次分明，光影、色调协调。

　　场景设计部分需要完成着色，绘画使用材料不限。

课堂教学指导作品

　　设计步骤说明：

　　1.空间透视线稿：用墨线表示绘制透视空间。此画面选用平行透视（一点透视）进行厨房场景图绘制。

用一句话理解平行透视关系，即"横平竖直一点消失"，即空间所有横向的线和纵向的线都是横平竖直的

呈 90 度，且只有一个消失点。

2. 马克笔手绘效果图着色：①定厨房设计的色彩基调为暖色。多选择中性马克笔进行色彩表现，最后用艳丽色彩进行点缀。②马克笔触常用的有一字形、N字形、循环重叠等笔触风格。使用过渡操纵色彩进行表达，有些是简单的同系颜色的叠加，有些是由笔触的深浅等表示的。③确立了手绘效果图基调后，再对效果图主次进行区分和刻画。对于视觉中心要以色彩进行重点刻画，让其富有视觉冲击力，而周围次要的画面要注意进行合理的点缀。效果图整体搭配应协调，尤其要注意颜色搭配与空间关系的变化。在整个效果图完工后，设计师还可以对图中的一些明暗、色彩等进行细微的刻画，使整个效果更加协调。

2. 内容：绘制《我家的厨房》空间设计平面图
　　要求：本部分单线绘制，无须着色。

课堂教学指导作品

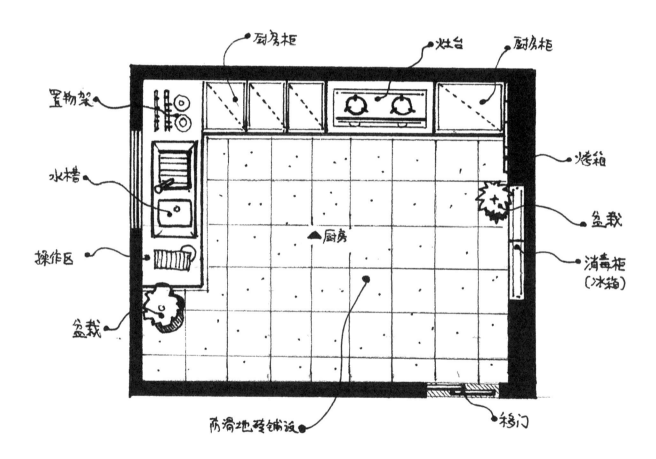

设计说明：

1. 厨房的平面布局要符合生活基本规律：

（1）厨房采光：一般水池放在窗户处，透气采光性强。

（2）各功能关系：如洗菜烧菜不能隔得太远，否则操作起来不方便。

2. 厨房动线合理清晰：厨房操作区域不能放盆栽、垃圾桶等影响行走的物品。

3. 设计制图专业规范。墙体、窗户、地砖和说明文字视觉导向都有规范的用线。你若能用专业用线向评委老师呈现你对此知识专业的把握能力，那么就有望获取高分。

（三）课题拓展

内容：Q版场景绘制练习。

根据所给图片进行主题设计（如：女巫的厨房、魔法小屋），进行Q版的改变。可适当增减物品。

要求：1.室内场景透视准确、比例得当；

2.有一定的创造力和表现力，能营造一定的气氛；

3.整体画面关系好。

尺寸：8开。　时间：2小时。

课堂教学指导作品

想象力发挥：

从动画、插画作品分析中，我们可以看到所有作品的想象力都是建立在对客观现实熟悉并了解的基础上的。身边一切元素都能成为你的绘画素材，让它们变成有趣的画面。试着对灶台、水缸、柴火重新构思，把它们组合成一幅全新的画面。要知道这可是魔法厨房：大锅不仅可盛美味佳肴，还可以用作各类新奇古怪的魔法实验把你能想象到的原料都一起加上吧！藤蔓盘绕，象征女神的五芒星……神奇的故事才刚开始。

动漫画语言植入：

方法1：可用相近形替换原图中的物象，如灶台。让五芒星、魔杖、哈利·波特的骑行扫帚依画面构图而合理出现。适当加入特征鲜明的人物烘托主题氛围。

方法2：用"自说自画"中图形的空间关系，像埃舍尔一样把厨房设计成混维空间。再用"异想天开"中异影图形的方法，让女孩的影子呈现了她的真面目——"女巫"。

设计说明：

破败不堪的厨房，里面的设施年久失修，可放在一边的魔法帽和扫把暗示了这是一个有魔力的地方，屋里的尘埃变成了一个个黑色的小精灵，灶台上的鸭子们似乎把锅炉当成了澡堂，乱窜的小老鼠好像被施了定身术一动不动，只能惊慌地看着，时间在这一刻静止，仿佛接下来有什么事情要发生。

设计说明：

厨房的主人会魔法！整洁的厨房里各种厨具变得像可以生长的树木一样，自动结成了果实。看看这些美味的果实：面包、汉堡、肥鸡、玉米应有尽有，就连放在台子上的刀子都变成了胡萝卜。这可是个善良的巫师，把战场上收集来的兵器扔进了火炉，把它们当成柴火付之一炬。让战争远离，化干戈为玉帛，让美丽的事物得以蓬勃生长。

画面还有一个小小的"彩蛋"，右下角有个小洞，洞里出现了一个另一间厨房里的黑色小精灵。咦？难道这是两间相连的厨房？

课堂教学指导作品：张子悦、左意湫、王忆艺、徐星航等

设计十六日 美术院校设计类专业校考攻略 三

（四）校考真题【四川美术学院 2018 年设计基础考题（贵州考点）】

设计主题：盛夏印象。

紧扣主题，结合自己对日常生活的观察、感受和认知经验，自由选取与主题相关的，具有特征性的图形、符号或物件，充分联想进行主题创意和设计表达。

要求：

1.认真解析主题文本，创意与设计不能脱离给定的主题或主题来源，但并不完全局限在对主题来源的具象解读上。

2.对主题中涉及的感觉或感知，在创意和设计中鼓励通过视觉要素和色彩语言进行准确充分的多样化表达。

3.突破"装饰画"式样的表现方式，强调在图形与色彩、平面与空间、具象与抽象等关系的组织与构建上具有设计意识的个性创作。

4.单一图幅表达或多个图幅组合构成均可，外形尺寸、构图形式、工具手法等均不限，色彩表达不限（不限色）。

设计说明：

画面中的主人公是一个油腻肥胖的"宅男"，盛夏烈日当空，即使"宅"在家中挥着蒲扇、吹着电扇也没有丝毫凉意。主人公回忆起脑海中夏天应该有的印象——在冰凉的海水里尽情冲浪玩耍，体验着西瓜和冰块带来的清爽。

张子悦利用夸张的表现手法，重点描绘了人物正在"想象"的这一瞬间的场景，人物造型生动可爱。背景采用了大量重色调的暖色，以及融化的太阳，表现出了盛夏的热度，给人一种十分"躁热"的感觉。这时视觉中心的蓝色海浪正好和背景形成了极其强烈的对比，从而提升了画面的视觉张力。

作者意在表达即使在炎热的夏天也不要一直做"家里蹲"，应该多出去走走，尽情玩耍，去享受夏天的激情！

设计说明:

炎热夏天,从头到脚热,热,热!最喜欢的避暑方法莫过于奔向海边游泳冲浪。当你跃身海浪,透心的清凉随之而来。爽!

邵天辰同学把脑海中呈现的这些影像的交叠一一呈现,利用了人物套叠的表现形式,表现出盛夏冲浪狂欢的情景。图中部分海浪以线条的形式呈现,配合夏天的时令美食冰镇绿豆汤、冰镇西瓜等元素,不但丰富了画面色彩,而且增强了画面元素的丰富性。视觉中心的碧波和美食逐层上推,提升画面视觉张力,呈现出盛夏人们对于凉爽的热情和渴盼。

思维草图

设计草图

设计线稿

（五）校考真题【四川美术学院 2018 年设计基础考题】

设计主题：热辣生活。

以饮食文化中的"大锅"为主题来源，自由选取与主题相关的、具有特征性的图形、符号或物件，结合自己的日常生活感受和认知经验，充分发挥联想进行主题创意和设计表达。

要求：

1. 认真解析主题文本，创意与设计不能脱离给定的主题或主题来源，但并不完全局限在对主题来源的具象解读上。

2. 对主题中涉及的感觉或感知，在创意和设计中鼓励通过视觉要素和色彩语言进行准确充分的多样化表达。

3. 突破"装饰画"式样的表现方式，强调在图形与色彩、平面与空间、具象与抽象等关系的组织与构建上具有设计意识的个性创作。

4. 单一图幅表达或多个图幅组合构成均可，外形尺寸、构图形式、工具手法等均不限，色彩表达不限（不限色）。

5. 禁止使用定画液等喷剂。若因此造成画面粘连等损坏，考生自负。

时间：1.5 小时。　画幅：8 开。

设计说明：

以四川的火锅为主要设计元素，突出了"大锅"文化，画面以红黄暖色调为主，也突显出了"热辣"的感觉。画面运用了对象颠倒的表现手法，把"人"和"锅"进行了大小互换，突破了普通"装饰画"式样的表现方式，使画面在抽象与具象的呼应融合中，更具有趣味性和活泼感。

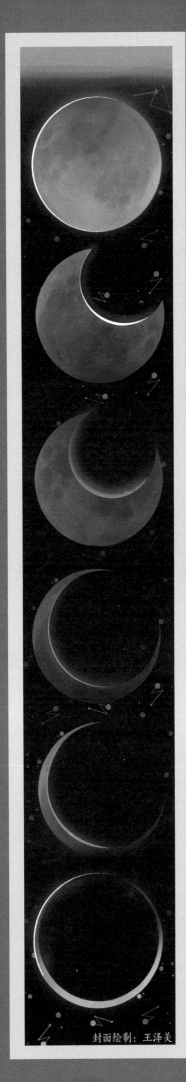

封面绘制：王泽美

古人根据天上月亮的圆缺来记月。农历冬月十六，满月后的这天称为"既望"。而"十六"这个数，被认为是代表厚重载德、功成名就的数字。古人希望这天可以达到当初规划、预期的结果。而这实践的过程恰如"设计十六日"中大鹏的"水击三千里"。接下来，各位同学将奔赴各美院考场，历经一场拼尽全力的蜕变，完成对自我的突破。

冬月十六，我们进入的是中央美术学院校考设计类专场。近年中央美术学院的设计考题形式各异，有一定高度。各专业命题既体现了专业特点，又强调了创造性内涵。考生作品也被更高要求具备"艺术与人文，科学与审美"宏观的艺术设计理念、优秀的专业能力和社会责任感。中央美术学院通过考题改革正在探索出一条符合时代需求和未来美院人才选拔的招生之路。最后能顺利进入中央美术学院的考生，正是那些在正常学习之余还能够阅读和体验社会的，具备社会责任意识、文化敏感度和思辨能力的优秀学生。

2018 年"幸福指数"考题是基于全球性报告，考验考生在设计里更逻辑化的表达。

2017 年"鲍勃·迪伦"考题，是基于诺贝尔奖突然把一个纯文学奖给了一个音乐家背景的诗人。这对全球性的学术结构，对学术发展的走向，它的包容性等发生了很大的变化。更重要的是我们强调了这样一代人，他以音乐的方式，以反叛的精神，反战的姿态一直影响到今天。该题考查的是学生的思维逻辑、想象力、社会敏感度、社会责任度以及整体能力素质。

2016 年"转基因鱼"已经到了社会焦点当中来了，思考全球焦点问题。

2015 年考题"棒棒糖"强调了个人体验。

上述命题中可以看到，中央美术学院在以往对作品构图、空间、黑白灰、质感、光影、想象力要求基础上，近年新增了对考生眼界、理解力和综合能力要求。因此，在有限的考试时间内，能运用平时训练的思维方法举一反三快速设计，并把观点态度通过画面表达出来，才是真正有效的系统化学习。中央美术学院设计学院的办学理念传承了设计学院早年提出的"设计为人民服务"，在考生选拔过程中贯彻至今——着眼人民生活，着眼社会责任，着眼热点前沿。

一、中央美术学院近年校考真题

【2015 年中央美术学院　设计基础：棒棒糖】

卷一：在四开对折的试卷左半边完成设计基础命题

　　要求用色彩构成的形式表现发给考生的棒棒糖造型特征和色彩构成关系。可根据自己的意愿，选择 2～3 个棒棒糖进行色彩画面表达，画面不得加背景衬布和其他物件（考生若没有带色彩画具，也可以用黑白画具材料表现）。

卷二：在四开对折的试卷右半边完成设计基础命题要求

要求考生将所发的棒棒糖吃掉，并根据自己吃后的味觉感受，按照原品牌展开后的糖纸中的基本元素进行再设计。要求包裹棒棒糖的糖果纸尺寸 22cm×22cm，只设计一张，设计表现工具不限。

珍珠宝等糖纸包装

设计说明：见惯了常见的糖果包装，今天来做两款不同口味的棒棒糖色彩构成和糖纸包装。

示例 1：咖啡可可棒棒糖

色彩构成：画面选取了两个棒棒糖进行色彩构成的表达，把棒棒糖镜像翻转后加入点线面的元素丰富画面，旋转交融的线条体现出一种搅拌咖啡的感觉。色彩上主要使用了红色、紫灰色和深棕色，从而体现出高贵、温情、柔和的感觉。

包装糖纸：棒棒糖的口味混合了咖啡的苦甘以及巧克力的馥郁，重层次的滋味交织融合给人丝滑香软、细绵柔和的味觉体验。所以包装为了突显这种感觉，用平滑发散的曲线表示棒棒糖柔和的口感，色彩上采用了象征咖啡和巧克力的深棕色调，加入咖啡豆等元素加以装饰，最大程度上体现了产品的特性。

示例 2：青柠柑橘棒棒糖

色彩构成：画面中蕴含的三根棒棒糖，相互透叠之后，加入点线面元素丰富画面，边缘线条以深绿勾勒，体现出一种张扬粗放的豪迈感。色彩上使用了橙色和绿色搭配，从而表现出热烈缤纷的装饰意味。

包装糖纸：这个棒棒糖第一口给人的感受是酸，非常酸，甚至可以说是"令人发指"的酸，可能一些人会难以接受。绿色可以营造一种酸爽的感觉，所以画面以绿色为主色调，放射的线条代表迸发出的刺激。把柠檬切面图形的颜色替换成深绿色和黄色，配合柠檬的造型，有点像核辐射的标志，隐喻了一种"危险"味道的幽默感。棒棒糖的入口的酸味退去之后，又有一种甘甜的回味，所以用橙色来象征柑橘的味道，并且图形只用圆球表示，避免画面的烦琐，非常简约。最后收口带有一丝清凉的薄荷味，所以画面中柑橘和柠檬图形透叠的部分用浅蓝色来表示出这种清凉的感觉。

【2016 年中央美术学院 设计基础：转基因鱼】

请链接至本书冬月初四 "鲲鱼化鹏"。

【2017 年中央美术学院 造型基础：鲍勃·迪伦】

关于 2016 年诺贝尔文学奖与鲍勃·迪伦的背景材料

1. 2016 年 10 月 13 日，瑞典文学院将 2016 年度诺贝尔文学奖颁给了 75 岁的美国唱作人、民谣歌手、诗人鲍勃·迪伦（Bob Dylan，1941 年 5 月 24 日年生）。这是诺贝尔文学奖有史以来第一次颁给一位音乐家。诺贝尔奖评委会给出的颁奖理由是："他在伟大的美国歌曲传统中开创了新的诗性表达。"此奖项被媒体感叹为"有史以来最意外的诺贝尔文学奖"。2016 年 12 月 10 日鲍勃·迪伦缺席诺贝尔颁奖典礼，而由美国女歌手、诗人蒂·史密斯代为领奖及致获奖感言。

2. 鲍勃·迪伦在高中时就组建了自己的乐队。在读大学期间，对民谣产生兴趣。2015 年《滚石》评出史上最伟大的 100 名唱作人，鲍勃·迪伦位居榜首。作为 20 世纪美国最重要、最有影响力的民谣歌手，他的作品被广泛认为是当时美国新型的反叛文化的代言。他对一大批同时代的后来的音乐人都产生了直接或间接的影响。

请阅读所给背景信息及鲍勃·迪伦的《Blowing in the wind（答案在风中飘荡）》歌词节选，绘制一幅你所联想到的能表现该诗歌意境的造型视觉画面。

《Blowing in the wind（答案在风中飘荡）》（歌词节选）

How many roads must a man walk down（一个男人要走过多少条路）

Before they call him a man（才能被称为一个男人）

How many seas must a white dove sail（一只白鸽子要越过多少海水）

Before she sleeps in the sand（才能在沙滩上长眠）

How many times must the cannon balls fly（炮弹在天上要飞多少次）

Before they're forever banned（才能被永远禁止）

The answer,my friend,is blowing in the wind（答案，我的朋友，在风中飘荡）

The answer is blowing in the wind（答案在风中飘荡）

1962 年冷战时期，鲍勃·迪伦创作出《Blowing in the wind》。那些被视为"垮掉的一代"的美国叛逆青年，弹着老吉他，哼唱着这首为反对越战创作的曲子，奔赴世界各个角落追逐他们的梦想；那是一个思想的年代，不用谈论爱情，只需社会责任感就能成为偶像。32 年后，这首歌被选作电影《阿甘正传》的主题曲，与奔跑的阿甘一道成为一种前进精神的象征。这首歌曾入选美国大学教材，并成为鲍勃·迪伦获得 2016 年诺贝尔文学奖的作品。

考题内容：

1. 根据提供背景信息，为 2016 年诺贝尔文学奖获得者鲍勃·迪伦设计一款获奖证书；

2. 画面需有效反映出鲍勃·迪伦在音乐和诗歌方面的艺术成就及独特气质。

考题要求：

1. 将试卷进行横向或纵向幅面的平均分割。使用其中一半的幅面绘制证书设计草图，数量不少于两个；另外一半幅面绘制一幅完整的证书设计方案。

2. 证书设计方案需包含图形、文字等视觉元素。画面构图自定，证书文本自拟，字数不限。鼓励方案设计的创造力。

3. 绘制工具、材料风格不限。造型表现形式不限，如素描、色彩、综合材料；建议选择你最具优势的造型表达语言。

设计过程：

1. 仔细审题：我们先来了解下诺贝尔奖证书，每年 12 月 10 日诺贝尔晚宴上，瑞典国王会亲手把奖章、证书和奖金证明交给诺贝尔奖领奖人。除了金灿灿的诺贝尔奖章，诺贝尔证书相当讲究。每年由颁奖机构请艺术家来商讨，怎样给获奖者做一份既个性又美丽的证书。下面展示部分诺贝尔获奖者证书：

海明威证书《老人与海》（文学奖）　　　　居里夫人第二次获诺贝尔奖证书（化学奖）

安赫尔·阿斯图里亚斯《玉米人》（文学奖）　　　莫言《蛙》（文学奖）

屠呦呦发现青蒿素（生理/医学奖）　　　发现 DNA 结构的弗朗西斯·克里克（生理/医学奖）

俄罗斯伊万·布宁证书（文学奖）　　　　犹太作家辛格（文学奖）

2. 草图构思

鲍勃·迪伦作为一个民谣歌手，却被授予诺贝尔文学奖，这实际上说明了文学本身具有更宽泛、更丰富的概念。同样的，中央美术学院这次不按套路出题，也说明了学习、考试，不仅仅是考查学生的造型能力，同时还需要学生掌握对社会时事的敏感度、眼界、审美和设计感等。

鲍勃·迪伦的《答案在风中飘荡》是经典影片《阿甘正传》的主题曲，电影讲述了一个不符合当时主流价值取向的一个带有身体残疾，智商低下的男子，在越战的那个战争年代，历经磨难终于得到了命运对他的回馈的故事。电影想表达的是反战，鼓励年轻人活出自我。

鲍勃·迪伦的作品中有对和平的向往，也有对命运不公的反叛，他给予人的生命更多尊重，给年轻人提供了多样的价值选择。

如果学生没有看过电影，没有听过鲍勃·迪伦的民谣音乐，甚至根本就不了解这个人，那也没关系，我们可以利用题目材料中给我们的信息，比如鲍勃·迪伦拿到诺贝尔奖也不去领奖，说明他是一个极具个性的人。他的歌词中提到的"鸽子""炮弹"，可以联想到和平、反战、梦想、责任等这些方向。也可以通过对歌词的阅读感受，通过画面去营造歌词中的意境和氛围。

设计说明：这幅冷色调画面是一位拿着吉他的歌者坐在纸飞机上乘风而行，悠扬的歌声伴随着月光点亮了璀璨星空。纸飞机的元素代表了希望与梦想；五线谱的元素象征鲍勃·迪伦作为民谣歌手的音乐才能，同时也用这种表现形式增强了画面中线条的穿插。流动的曲线带有韵律感，很好地表现出了"风"的感觉。作品整体基调欢快，用浪漫的表现手法阐明了鲍勃·迪伦哪怕身处黑暗之中，只要有一颗坚强的、乐观的心，也能用优美的旋律和文字点亮黑夜，创造光明。

设计说明：画面选用暖色调，在人物和土地的部分参考了米勒的"播种者"，天空的部分参考了梵高的"星空"。画面中是一片干裂的大地，远处飘来战火留下的硝烟，一个背着吉他的孤独的背影走过，脚底下走过的路上留下了一片绿色的生机，天空中零星飘扬的纸飞机是希望，也是不屈的顽强。鲍勃·迪伦就像一位播种者，用优美的诗词和歌曲传播着自己的价值观和社会责任感，干枯的大地和环境代表那个颓废的战争年代，脚下的绿则是象征美好平静的生活，纸飞机隐喻了希望与和平。作品带有了强烈的视觉对比，营造了荒芜且又充满希望的氛围，表达了鲍勃·迪伦对美好和平生活的歌颂和追逐。

正式下发的诺贝尔奖证书；

与我们文本组合后完整的诺贝尔证书效果对比。

【2018年中央美术学院设计学院艺术设计"造型基础"：幸福指数】

阅读资料：幸福指数是衡量人们对自身生存和发展状况的感受和体验，即人们的幸福感的一种指数。

《世界幸福报告》是为了支持联合国就幸福感召开的高层会议所撰写的白皮书。随着社会经济的发展，人们逐渐认识到，衡量社会进步的标准应该是幸福，而不是货币。幸福也应该作为公共政策的目标。世界经济合作组织（OECD）在2016年提出要"重新定义发展的内涵，将人们的幸福置于政府工作的核心地位"。2017年版的《世界幸福报告》通过大量的调查和数据发现：世界范围内的幸福国家在促进幸福的主要因素上都是名列前茅：关爱、自由、慷慨、诚实、健康、收入和良好的国家治理。在全球国家幸福感排名中，排在前列的国家都在如下几个变量上得了高分：收入，健康寿命预期，在遇到困难的时候有人可以陪伴，自由，信任。

2017年的报告也特别强调了幸福的社会基础，如工作也是影响幸福感的重要因素。并且报告里认为：在比较富裕的国家中，造成幸福感差异的最大原因并非贫富不均，而在于人们的心理健康，身体健康，人际关系之间的个体差异。

根据阅读材料，把调查报告里所提到的幸福指数变量，如收入、健康、陪伴、自由、信任，作为关键词以造型语言的方式完成五幅草图，并选择二幅完成正稿。

考题要求：

1. 认真阅读报告材料，结合个人生活体验，深度理解关键词内涵；

2. 围绕人、物或空间关系对关键词进行富有想象力的叙事表达；

3. 形式手法、风格不限（如素描、色彩、黑白画、综合材料等），五幅小草图和二幅正稿适当分布在试卷画面内。

设计思路：

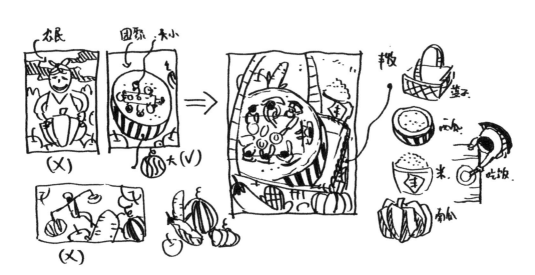

设计过程：

关键词：收入
设计说明：表达了劳动人民的"收入"——丰收的喜悦，用了
对象颠倒的手法，把丰收的产物都做了放大化处理，体现了一
家人大丰收的喜悦。

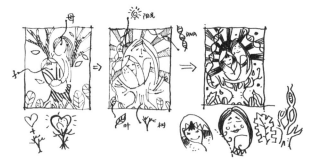

关键词：健康
设计说明：母子形象是画面视觉中心，作品主要表达了母亲与孩子
这种爱的连接。孩子的健康成长是每位母亲的最大心愿。其中树的
形态象征茁壮的成长，往上升起组成了 DNA 造型，DNA 元素象征
着生命的纽带。

关键词：自由

设计说明：关于自由的创作灵感来源于《少年派的奇幻漂流》这部电影，画面中一人一舟一吉他，随波漂流，自由自在。体现了内心的无畏和心灵的自由。

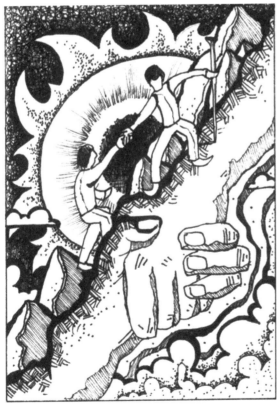

关键词：信任

设计说明：人与人之间，最重要的是"信任"，遇到困难需要相互信任的伙伴"拉一把"。这幅画体现了只要有信任与互助就没有跨不过的山峰。画面颜色选用十分炽热，大面积橙红色十分具有视觉张力，同时也突出了"握手"这一元素。周围加入的深蓝色和蓝灰色，也可以把画面中的"火气"降下来，从而达到画面中的冷暖呼应。

关键词：陪伴

设计说明：陪伴是最长情的告白，所以选取一对老夫妇来体现相互的陪伴与扶持。老夫妇的原形以及服饰上的图案取自右侧二幅图。

老夫妇服饰上的图案展现了他们年轻时的美好时光。正是有着彼此的陪伴，无论经历多少风风雨雨，他们心中依旧充满阳光。

下图两幅色稿，左图的配色以及天空的乌云使得画面太过压抑，因此改为图右的色调。鲜明的橙色绿色蓝色的搭配，使画面看起来更为清爽，也反映了画面中人物的幸福心态，无畏风雨。

【2018 年中央美术学院 城市艺术设计（可链接至上篇" 人工智（艺）能"）】

背景资料：未来已来

过去，人工智能只出现于科幻电影中所表现的未来里，现在人工智能堪称无处不在。人工智能在过去几年中取得了令人惊讶的进步。它能够让机器人从事更加复杂甚至人不能完成的工作。就如其他许多行业中正在成长的人工智能一样，它们一旦出现在生活的赛道中，人类或将望其项背，或将与之竞争。

毁灭和永生，几乎是人类对人工智能的两大终极想象。即使这些太过遥远，仅从工具角度来讲人工智能依然有着双面性。旧职业的消亡只是一个开始的信号，在新时代的巨震中，每个人的价值将被重新判断。

考题内容：仔细阅读上述文字，在人类、科技元素、自然元素、共生、毁灭这五个关键词中任选三个关键词，用图像的语言描绘一个你所理解的场景。

试卷横竖使用均可。

考题分析：考题通过对资料背景解读，以自己对"设计"的理解选取有效信息，在注重绘画语言的同时，应用想象力和创造力来完成一个对未来场景的塑造，以此考查学生对社会热点问题的关注度，以及独立思考，分析和解决问题的能力。

课堂教学指导作品

设计说明：王泽美同学受科幻电影中穿越未来的启发，描绘了一个穿越时空的画面，远方的时空之门已经开启，连接现在和未来的阶梯却慢慢崩坏，宇宙星辰也渐渐瓦解。画面似乎产生了更深层的疑问：随着未来科技的进步，人类如果无节制地使用这种能力，是否会对宇宙的法则，自然的规律产生影响？

【2018 年中央美术学院　实验艺术】

命题创作：谁将与人做伴？

有一部曾经获奖的恐怖短篇小说，内容只有一句话："世界上只剩下我一个人，这时我听到了敲门声。"考题要求考生发挥想象，设想这个故事发生的前因和情景，并续写这个故事，用一张或一组画面将故事描绘出来。

这道题旨在考验考生讲故事的能力，以及如何将叙事性的文学与想象转化成图像的能力。这道题的题目是"谁将与人做伴？"，是将小说的内容嵌套进现实世界中，具有很强的时代特色和问题意识。"谁将与人做伴？"是对人类共同命运的一次深切追问。

考题要求：

1. 请合理构图，合理配置图文关系。你可以使用简洁的文字写下你的后续故事及画中细节的阐释。2. 不得使用油画颜料。3. 每位考生有两张草稿纸和一张 4 开素描纸，考试结束时本考题、草稿纸连同止式考卷一起上交。

课堂教学指导作品

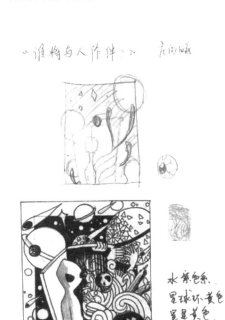

设计说明：庄雨曦同学根据自己的想象，画出了"地球上最后一个人"打开门的瞬间与外星生物面对面的场景，整个配色并不复杂，大面积的红色和蓝色形成了视觉冲突，把环境渲染得压抑的同时，仿佛在转瞬间又要"爆炸"。虽然画面中的小女孩只露了一个后脑勺，并没有刻画表情，但是根据肢体动作以及周围加入了许多狰狞的手，反而突出了这种惊恐的瞬间，做到了"无招胜有招"。

二、校考真题与课题拓展

【2010 中央美术学院造型基础试题】

素描：请以"彩虹"两汉字的几何形体立体构成组成一幅画。

要求：

1. 以素描的手法表现，素描工具不限。

2. 画面中不得出现其他实体物品。

3. "彩虹"二字可以部分做大小方圆的变化等穿插关系，必须认清是"彩虹"二字。

考试时间：2小时。

课堂教学指导作品

此道考题如是设计考题，就需要从字体风格、设计创意角度进行表现。但作为2小时的素描考题，下面几幅中央美术学院考生作品从字体组合结构穿插、空间透视表现，就是很好的范例。

中央美术学院素描校考优秀作品赏析

创意设计：以《喜》为题，进行创意设计。

　　1.针对题目，画三个草案，将其中一个草案放大，绘制正稿，尺寸自定。

　　2.三个草案及正稿均需画在试卷正面，每个草案均可附加简短的文字说明，准确理解题意，强调概念的原创性，表达的独特性，表现手法不限。

课堂教学指导作品：戴沁兰、俞星、陈佳好、饶梦瑶、宋笑萱

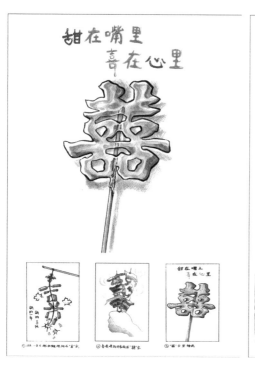 

中央美术学院设计类校考优秀作品赏析

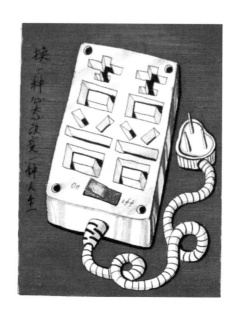   

　　以中央美术学院设计类考题为目标研读、系统学习的考生，必须具备扎实的造型基础能力，掌握设计美学、图形创意和构成基础等应用知识，同时拥有对社会的敏感度、责任感以及对事物敏锐的洞察力。

喜有时是一种枷锁

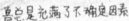

喜总是充满了不确定因素

喜极生悲

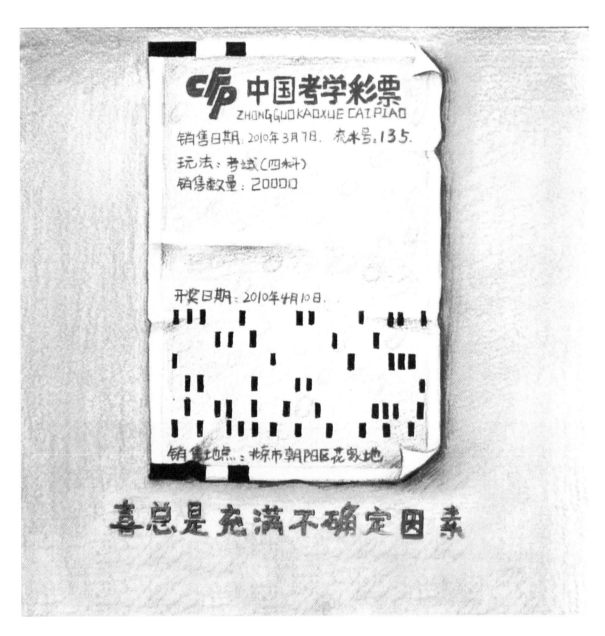

喜总是充满不确定因素

望月·慧月·心月

月高悬，光华万里。

月明亮至盛，为"望"。

农历冬月十六，望月。

《设计十六日》终于付梓，我感到非常高兴。十六日，是对于"望月"美好境界的追求。望月，由望而得月，望向自身的心境。望月，是自然之月，也是心灵之月。

2009年，我用两年时间执笔完成了《中国工艺美术鉴赏》一书。因是课余时间挑灯夜战，故对书稿的撰写、出版有着五味掺杂的回味。其后历经多年高考一线教学，我发现学生们需要这样一本设计书：既能从中感悟中国传统装饰之美，又能结合现代创意理念，进行熟练技法表达的实用书籍。市场上多是应试的图式书籍，或是面向大学生的设计类书籍，苦于一直没有找到高中年龄段学生的合意书籍。为达到理想的教学效果，我实地走访高校，并通过设计案例、自编讲义进课堂，美其名曰"带你看美院：边走边看边画"。想通过这样的观察、行走和表述，引导学生感悟设计之美，唤醒本真的设计潜能。在有趣好玩中爱上艺术，爱上设计。

2015年，鲁迅美术学院田喜庆教授来到六中，对我指导学生的装饰画很感兴趣，鼓励我们说作品已赶上了大一学生的水平，可考虑结集出版。那一刻，我想：设想应该由自己来完成。

望，是一种无限遥远处的凝视，"望月"是"问向月"，望问之间开启心灵之道，犹如设计需要眼与心之间的追索。通过设计，使心灵远离可感知事物的存在，去看到更真实的东西，引领心灵拾级而上，才能得以"慧于月"。

月光如水，素雅清和。

据说清凉的月光照拂于身时，可以帮助人们远离日间的喧嚣，除却烦恼，带来无限智慧。是为"慧月"。

近年各大美院通过有一定高度的考题改革，正在逐步探索一条符合时代需求和未来美院人才选拔需要的招生之路。基于高校对于人才培养的需求，同时也为让书稿有更好的脉络呈现，我重温了导师叶苹教授、林家阳教授和寻胜兰教授所著的设计类书籍，再读了雷圭元教授、姜今教授和冯健亲教授的系列专著。在书海中有幸得遇各位前辈，与他们进行跨时空的对话。他们学识渊博、治学严谨、善于总结、不断创新，给予我无限智慧的启迪。那时明月照今时。

在前辈们的引领下，我把原本独立的传统装饰、现代图形和构成基础三大体系，重新组合成设计美学、设计创意和设计基础三部分，围绕校考真题进行主题教学。相信每一位对艺术和设计创作感兴趣的同学都能从本书的系统学习中有收获。经由大量的教学实践，建议本书针对不同学生群体可以这样使用：参加设计类校考的普高学生，可以省考后冬月记日的时段安排，有序推进十六天强化训练；艺术高中的学生，建议教师可从高一开始循序渐进，深入开展三部分内容的学习。设计教学有一定的方法论，经过有效指导后，会比造型练习更快速地提升学习成效。书中部分图例就是刚进六中，才经过一周学习的学生所绘。当然所有的项目训练不是简单地应对高校设计类专业校考的记忆化公式，这是一套将发散性思维和集中思维辩证统一，把创造想象和现实定向有机结合的训练过程。

每个人心中都有那轮月，

唯有自己不自知，

只有找寻到如月般明静的"心"，

才能感悟这自在的光明，此谓"心月"。

每每搁笔，抬首仰望夜空中那轮如玉钩，又幻作银盘的月，不由想起禅宗把直指人心称为"指月"，指着天上的明月教人看见了"月"就应忘却"指"，当人心里有月的光明显现时就应舍弃教化。恰也是教的本意。《设计十六日》书写部分历经了五个月，恰如鹰的重生周期。这是一个向内心寻找的过程，也是自我思辨、成长的过程。

这套书稿的撰写得到各大美院相关领导、教授们的关心帮助，以及设计界专业人士的全力支持，使我在最短时间内完成了书稿的撰写，把遥不可及的设想变为可能，让这套书得以高品质出版，在此致谢！

由衷感谢我的学生：有已成长为优秀专业教师的张子悦，有把学生时代作品送来的王莺、路璐，有学造型时还心心念念想上设计课的王妤婷、庄雨曦，还有进入各大美院就读的六中美术班学生。设计学习的过程恰如探索教学的过程，如"鲲鱼化鹏"般"水击三千里"，是属于自我的突破。本书中选用的 600 张课堂教学指导习作，限于学生人数众多，记忆有限，抱歉不能一一注明姓名。但让我记忆尤深的是每幅作品后与你们共度的美好时光，因为有你们，我才有了不断前行的动力。也因为有你们，我才得以将这些年来的教学思考和实践，系统、完整、真实地再现。你们是我的成长之师。

望天上之月，得遇心灵之月，湛然清净、自心光明！

沈海泯

望月夜，于江南

（代后记）